물리의 완성
STEP
1·2·3 파동편

물리의 완성 $\frac{STEP}{1\cdot2\cdot3}$ 파동편

ⓒ 켄 쿠와코, 2013

초판 1쇄 발행일 2013년 5월 8일
개정 1쇄 발행일 2017년 10월 20일

지은이 켄 쿠와코
옮긴이 강현정 **감수** 김충섭
펴낸이 김지영 **펴낸곳** 지브레인^{Gbrain}
편집 김현주

출판등록 2001년 7월 3일 제2005-000022호
주소 04021 서울시 마포구 월드컵로7길 88 2층
전화 (02)2648-7224 **팩스** (02)2654-7696

ISBN 978-89-5979-512-3 (04400)
     978-89-5979-514-7 SET

- 책값은 뒤표지에 있습니다.
- 잘못된 책은 교환해 드립니다.

물리의 완성

STEP
1·2·3

파동편

켄 쿠와코 지음 강현정 옮김 김충섭 감수

머리말

'物理'에서 '물리'로….
이제 물리를 누구나 쉽게 이해할 때가 왔다!

아직도 '물리'를 어렵다고 생각하는 사람이 있나요?

저는 중학생에서 고등학생까지 여학생들에게 물리를 가르치는데, 여학생들은 특히 물리라는 말만 나와도 '난 못해'라고 지레 포기하는 경향이 있습니다. 하지만 물리는 간단하면서도 우리 생활에서 흔히 볼 수 있는 재미있는 학문이에요. 교사의 수업방식이나 배우는 사람의 공부 방법만 달라진다면 단시일 내에 고득점을 얻을 수 있는 과목이기도 합니다. 실제로 못하겠다던 학생들 중 대부분이 잘 하게 된 걸 보면 알 수 있어요.

'물리의 완성 STEP 1·2·3 – 역학편'에서는 '물리 알레르기를 고치고 싶은 사람'과 '물리를 싫어하는 성인'을 상대로 역학을 설명했습니다. 덕분에 전국의 수많은 중고생들과 성인들에게 호평을 받았습니다. 그리고 역학

외에 다른 것도 설명해달라는 요청에 따라 이 책에서는 물리의 양대 산맥 중 하나인 '파동'을 다루었습니다.

파동이 어려운 이유는 형체가 정확하지 않은 파동이 움직인다는 데 있어요. 파동은 머릿속으로 움직임을 '상상'하는 것이 역학보다 더 중요합니다. 그래서 이 책에는 그런 파동을 상상할 수 있도록 실제 수업에서 사용 중인 재미있는 일러스트를 많이 넣었습니다.

이 책을 파동에 휩쓸린 학생들과 물에 빠져 허우적대는 어른들에게 바칩니다.

'物理'에서 '물리'로….
이제 물리를 새롭게 이해할 때가 왔다!!

켄 쿠와코

Contents

머리말   4

조례
물리를 못하는 두 부류의 타입   12
주변에서 볼 수 있는 파동   13
이 책의 특징   14

1교시
파동을 나타내는 방법과 다섯 가지 성질   17

들어가며   18
파동이란 무엇인가?   18
파동을 나타내는 2개의 그래프($y-x$ 그래프 · $y-t$ 그래프)   22
파동을 나타내는 기호   24
진동수란?   25
가장 중요한 파동의 공식   27
두 종류의 파동   29
종파를 횡파로 나타내자   34
종파의 1 · 2 · 3   36
파동의 다섯 가지 성질   39
    파동의 성질 ❶ 원형파   40
    파동의 성질 ❷ 반사   44
    파동의 성질 ❸ 굴절   48
    파동의 성질 ❹ 간섭   50
    파동의 성질 ❺ 반사＋간섭＝정상파   52
정리   57
예제 문제 ① 종파와 정상파   59
1교시 정리   64

2교시 **악기의 구조 현과 기주의 진동**   67

들어가며   68
파동의 정체   69
소리의 속도   70
소리의 고저   71
소리의 크기   72
현의 진동과 정상파   73
현에 전해지는 파동의 파장   75
현에 전해지는 파동의 속도   75
    f 와 L 은 반비례   77
    f 와 L 은 비례   77
    f 와 ρ 는 반비례   78
진동 패턴과 진동수   78
기주의 진동   82
개관   82
개관의 진동 패턴과 소리의 고저   84
폐관   87
폐관의 진동 패턴과 소리의 고저   89
개구단 보정   91
예제 문제 ② 현과 기주   92
2교시 정리   101

구급차 소리의 비밀 **도플러 효과**　　103

들어가며　　104

수면파가 퍼지는 방식　　105

소리가 퍼지는 방법　　106

음원이 움직이면 어떻게 될까?　　108

도플러 효과가 일어나는 이유　　109

도플러 효과를 식으로 나타내자　　111

음원이 정지해 있는 경우의 음파의 파장　　112

　　Ⓐ 음원이 다가오는 경우　　113

　　Ⓑ 음원이 멀어지는 경우　　115

도플러 효과는 관측자가 움직여도 일어난다　　117

　　Ⓒ 관측자가 음원으로 다가가는 경우　　118

　　Ⓓ 관측자가 음원에서 멀어지는 경우　　120

구급차와 관측자가 모두 움직이는 경우　　123

　　음원과 관측자 서로 다가가는 경우　　123

　　음원과 관측자 서로 멀어지는 경우　　125

도플러 효과 1 · 2 · 3　　127

도플러 효과의 응용 편　　132

　　벽이 있는 경우　　132

맥놀이　　136

　　경사에서 음원이 다가오는 경우　　138

　　바람이 부는 경우　　140

예제 문제 ⑤ 도플러 효과 ①　　142

예제 문제 ⑥ 도플러 효과 ②　　146

3교시 정리　　150

반짝반짝 빛나는 **빛의 간섭**　　151

들어가며	152
빛의 기초 지식	152
빛도 느려진다!? 굴절률은 감소율	154
빛의 반사	156
빛의 굴절	158
굴절 공식	160
빛은 입자인가? 파동인가?	161
2차원의 간섭	163
빛은 파동의 성질을 갖고 있다	167
등산으로 알 수 있는 보강간섭 공식	168
P_1은 왜 보강간섭하는가?	169
P_2는 왜 보강간섭하는가?	171
P_3는 왜 보강간섭하는가?	172
등산경로와 보강간섭의 조건식	173
보강간섭의 조건과 정수 m의 관계	175
등산으로 이해하는 상쇄간섭의 공식	176
$P_1{}'$는 왜 상쇄간섭하는가?	177
$P_2{}'$는 왜 상쇄간섭하는가?	178

등산경로와 상쇄간섭의 조건   179

상쇄간섭의 조건과 정수 m의 관계   180

영의 실험   181

    영의 실험과 경로차   182

경로차의 이용 방법   186

다섯 가지 경로차   189

회절격자   191

    회절격자의 경로차   192

박막간섭   194

    박막의 경로차   195

광로차   198

빛의 자유단 반사와 고정단 반사   200

이미지로 익히는 자유와 고정   203

박막간섭   205

박막간섭의 조건식이 나타내는 것   209

    간섭 조건식을 만드는 방법 1 · 2 · 3   209

쐐기형 간섭   210

뉴턴 링   214

    [응용] 뉴턴 링을 밑에서 관측하면 조건은 어떻게 될까?   220

예제 문제 ⑤ 회절격자   222

예제 문제 ⑥ 영의 실험   225

예제 문제 ⑦ 쐐기형 간섭   230

4교시 정리   237

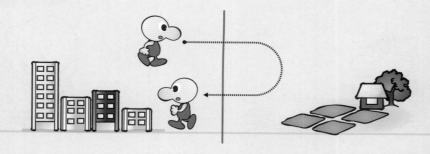

| 보충수업 | 0부터 시작하는 **파동 식 만드는 방법** | 239 |

들어가며	240
사인 · 코사인이란?	240
사인 · 코사인과 파동의 관계	242
각도와 라디안	246
파동의 네 가지 유형	247
$y-x$ 그래프와 파수 k	247
$y-x$ 그래프와 각속도 ω	249
움직이는 파동 식을 만드는 방법	251
파동 식의 의미	258
파동 식의 1 · 2 · 3	259
파동 식의 변형	263
'2π의 식' 유도	264
'2π의 식'의 사용 방법	265
예제 문제 ⑥ 파동 식	267
보충수업 정리	273

| 종례 | 274 |

테스트와 부록	숙제 · 종합문제 · 부록	277
숙제 · 종합문제	278
숙제 · 해답편	284
부록 ❶ 전반사	294
부록 ❷ $\sin\theta = \tan\theta$의 수수께끼	295
부록 ❸ 반사파의 파동 식	296
부록 ❹ 파동 분야의 공식	304
부록 ❺ 물리의 완성 STEP 1 · 2 · 3	306

후기	310
감사의 말씀	311
찾아보기	312
참고도서	315

조례　**물리를 대하는 우리들의 자세**

물리를 못하는 두 부류의 타입

　물리를 못하는 사람은 교과서 순서대로 모든 항목을 이해하려는 '빙글빙글 타입'과 끈기를 발휘해 해결하려는 '끈기 타입'으로 나눌 수 있다.

　양쪽 다 노력하는데도 좀처럼 답이 나오지 않는 원인은 목표가 보이지 않는다는 데에 있다.

주변에서 볼 수 있는 파동

'파동'이라는 말을 들으면 어떤 이미지가 떠오르는가? 대부분의 사람들은 바다의 파도를 떠올릴 것이다. 하지만 파동의 성질을 가진 현상은 우리 주변에 얼마든지 숨어 있다.

예를 들어 구급차가 지나갈 때 소리가 커지거나 작아지는 일들을 경험해 봤을 것이다. 또 비눗물에 색깔을 넣지 않았는데도 공중에 날리면 비눗방울은 반짝반짝 무지개 색깔로 빛난다. 이것은 소리나 빛이 '파동의 성질'을 갖고 있기 때문이다. 우리는 저도 모르는 사이에 이런 파동을 이용해서 생활하고 있다. 예를 들어 휴대전화는 전자파라는 파동을 이용하는 것이고, 돋보기는 파동의 성질을 이용해서 빛을 모으는 것이며, 지진의 발생을 알리는 지진 속보는 종파와 횡파라는 파동의 두 가지 특징을 이용한 것이다.

이처럼 우리의 생활과 밀접하게 연관된 파동이지만, 막상 공부하다 보면 많은 학생들이 그 난해함에 머리를 쥐어 싸매게 된다. 제법 물리에 흥미를 느꼈던 학생들 중에서도 이 파동 때문에 고민하는 경우를 많이 보았다.

파동이 어려운 이유는 파동의 애매한 형태가 시간의 경과에 따라 움직이는 데다 sin과 cos 등의 삼각함수까지 등장하기 때문이다.

이 책의 특징

이 책은 난해한 '파동'을 그림이나 도표를 이용해서 되도록 쉽게 설명했다. 또 기초부터 설명해 개념에 대한 이해도를 높였고 삼각함수를 이용하는 경우에도 sin이나 cos부터 설명하고 있다. 또한 정답으로 가는 길을 3단계로 분해해서 어떤 방식으로 푸는 지 보여준다. 따라서 골인지점이 보이면, '빙글빙글 타입'이든 '끈기 타입'이든 누구나 문제를 풀 수 있도록 했다.

이 책은 다음과 같이 구성되어 있다.

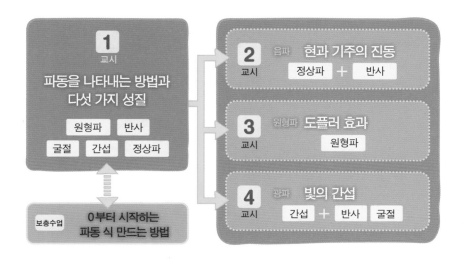

자주 출제되는 파동 문제를 분석하면, 다음과 같은 세 종류이다!

> 현과 기주의 진동(2교시)
>
> 도플러 효과(3교시)
>
> 빛의 간섭(4교시)

겨우 세 가지뿐인 것이다. 그리고 이것은 제각각 다른 문제가 아니라 그림에서 보듯이 '파동의 다섯 가지 성질'(1교시)로 정리할 수 있다.

1교시에서는 파동을 어떻게 나타낼 수 있는지, 파동의 성질에는 어떤 것이 있는지 간단히 배울 것이다. 그리고 2~4교시에는 위의 세 분야에 대해서 각각 자세히 학습할 예정이다.

보충수업에서는 파동의 이해를 더욱 심도 있게 하기 위해서 sin과 cos를 이용해 파동을 나타내는 방법에 관해서 학습할 것이다.

파동을 나타내는 방법과 다섯 가지 성질

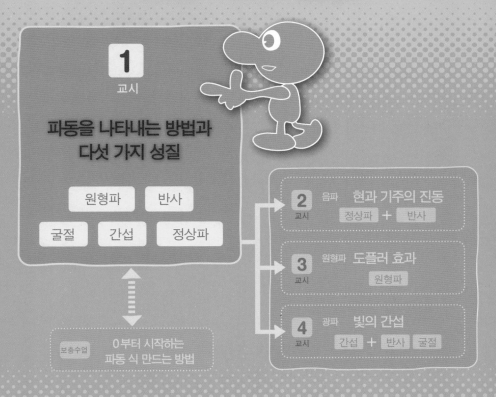

들어가며

1교시에는 파동을 나타내는 방법과 파동의 성질에 대해서 배울 것이다. 2~4교시를 이해하기 위해서는 파동의 다섯 가지 성질을 익혀야 한다.
아래의 그림은 바다에서 물결이 파동을 일으키는 모습이다.

넘실대는 파도는 그 자리에 정지해 있는 것이 아니라 시간의 흐름에 따라 움직인다. 이렇게 '파동의 형태'가 어떻게 움직이는지를 눈으로 쫓아보았는데, '파동의 형태의 움직임'과 '파동을 전달하는 것의 움직임'은 다르다!

"뭐? 그게 무슨 뜻이야?"

파동이란 무엇인가?

이번에는 실제로 파동을 보면서 그 정체를 밝혀 보자. 시트 끝을 잡고 손을 상하로 빠르게 움직이면 다음 그림과 같이 파동이 생기고, 그 파동의 형태가 오른쪽 방향으로 전달되는 것을 알 수 있다.

파동의 진행 방향 →

파닥
파닥

이번에는 실이나 끈에 클립을 끼우고 상하로 흔들어서 1개의 파동을 일으켜보자.

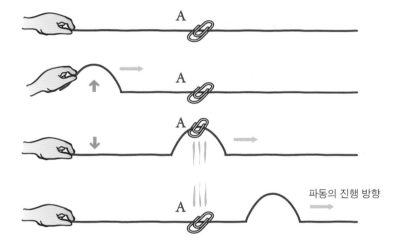

시트를 흔들었을 때 생긴 파동처럼 이번에도 파동이 생겼고, 파동의 형태도 오른쪽 방향으로 이동하고 있다. 여기서 클립의 움직임에 주목해 보자. 클립은 파동의 형태와 함께 오른쪽으로 움직이지 않았다. 파동이 오면 위에서 아래로, 제자리에서 상하로 흔들렸을 뿐이다.

클립의 이동 방향

파동의 진행 방향 →

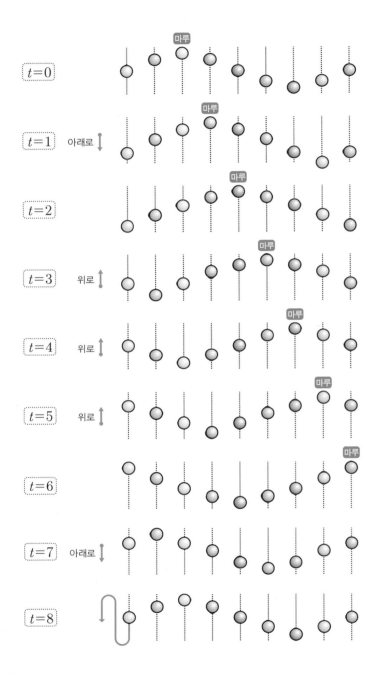

이 사실을 숙지하고 왼쪽의 그림을 보자. 다양한 색상의 공이 그려져 있다. 이 공을 각각 끈에 끼워져 있던 클립이라고 생각해 보자.

$t = 0$(시간 0)부터 보면 '파동의 형태'가 오른쪽으로 움직이는 것을 알 수 있다. 예를 들어 그림의 마루라고 쓰여 있는 가장 높은 부분을 주목해서 보면, 점점 오른쪽으로 움직이고 있다.

이번에는 공 하나하나를 주목해 보자. 예를 들어 가장 왼쪽에 있는 흰 공을 $t = 0$에서부터 보면 처음에 아래로 이동했다가 위로, 그리고 다시 아래로…, 이렇게 상하로 진동하는 것을 알 수 있다. 이웃한 빨간 공도 흰 공과 마찬가지로 상하로 진동하고 있는데, 흰 공보다 진동이 조금 느리다. 이처럼 각각의 공이 조금씩 느리게 상하로 진동함으로써 파동의 형태가 오른쪽으로 움직이는 듯이 보이는 것이다.

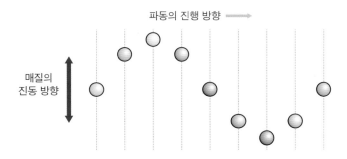

파동의 진행 방향 ⟶

매질의
진동 방향

이것이 파동의 정체이다. 파동은 '파동'이라는 '물질'이 움직이는 것이 아니다. 물질이 차례대로 진동함으로써 '파동'이라는 '현상'이 만들어지는 것이다. 파동을 일으키기 위해서는 그 파동을 전달하는 물질이 필요하다. 이 물질을 '매질'이라고 한다. 예를 들어 바다에서 물결치는 파동의 매질은 물 분자이다. 또 끈에 전달된 파동의 매질은 끈을 구성하고 있는 실이다.

파동을 나타내는 2개의 그래프 *($y-x$ 그래프 · $y-t$ 그래프)*

파동의 정체를 알았으니 이제 파동을 나타내기 위해서 필요한 두 가지 그래프에 관해서 알아보자. 아래의 그림처럼 파동을 움직이면서 '파동의 형태의 움직임'과 '원점에 있는 매질의 움직임'을 다시 살펴보자.

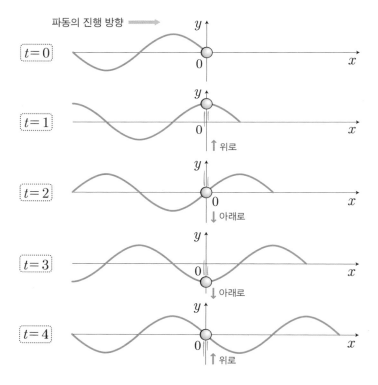

그래프를 보면 $t=0$에서 $t=4$의 방향으로 시간이 흐르고 있다. 원점에 있는 매질이 $t=0$일 때 높이(y)는 0이다. 파동이 통과하는 동시에 매질은 상승하고, $t=1$에서 마루인 정상까지 가면 이번에는 하강한다. $t=2$에서 원점의 아래쪽을 통과하고 $t=3$에서 골의 저점까지 가면 다시 상승하고, $t=4$에서 매질은 다시 원점으로 돌아온다.

$t=0 \sim 4$로 나타낸 5개의 그래프처럼 일정 시간 동안 파동의 형태를 나타낸 그래프를 $y-x$ 그래프라고 한다. 이 $y-x$ 그래프의 단점은 그래프가 1장만 있으면 매질이 어떤 운동을 하는지 알 수 없다는 것이다. 예를 들어 $t=0$의 그림 1장으로는 흰 공의 움직임을 알 수 없다. 이번에는 원점에서 매질의 움직임을 알기 위해서 아래의 그림처럼 원점에서 시간축을 앞으로 당겨 보자. 각 시간마다 매질의 높이는 아래와 같다.

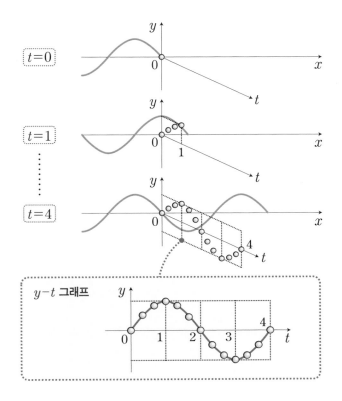

완성된 $y-t$ 그래프는 원점의 매질의 움직임을 나타내고 있다.

파동을 나타내는 기호

❶ $y-x$ 그래프와 ❷ $y-t$ 그래프를 보면서 파동을 나타내기 위해 필요한 기호를 알아보자.

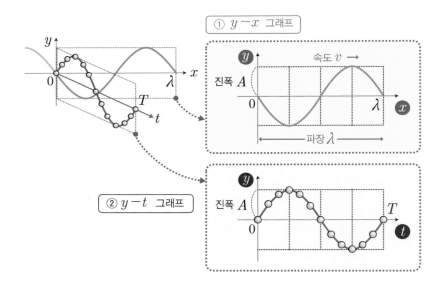

❶ $y-x$ 그래프

$y-x$ 그래프는 '일정 시간 동안 파동의 형태'를 나타낸 것이다. 기준보다 내려간 부분을 '골', 올라간 부분을 '마루'라고 한다. 골과 마루 1세트의

길이(파동 1개의 길이)를 1파장이라
고 하고 람다 λ[m]로 표시한다.
또 마루에서 골까지 높이의 절반
$\left(\dfrac{1}{2}\right)$은 A[m]로, 파동이 진행하는
속도는 v[m/s]로 나타낸다.

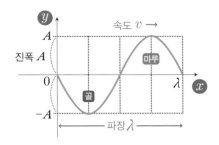

❷ $y - t$ 그래프

$y - t$ 그래프는 '일정 장소에서 매
질의 운동'을 나타낸다.

매질이 상하로 1회 진동할 때의
시간, 또는 1개의 파동이 일정 장
소를 통과하는 데 걸리는 시간을
주기라고 하고 T[s]로 나타낸다.

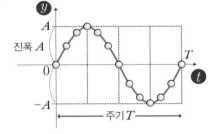

진동수란?

이번에는 진동수 f를 소개한다. 진동수란 1초 동안에 매질이 몇회 진동하
는지, 또는 1초 동안 몇 개의 파동이 그곳을 지나는지를 뜻하는 것이다. 진동
수는 f로 나타내고, 단위는 Hz를 쓴다.

예를 들어 다음 그림처럼 1초 동안에 2개의 파동이 원점을 통과하면
원점에 있는 매질은 상하로 2회 진동한다. 1초 동안에 2회 진동했으므로

진동수 f 는 2Hz가 된다.

이번에는 진동수 f 와 T의 관계
를 살펴보자. 주기란 1개의 파동이
일정 장소를 통과하는 데 걸리는 시간
이었다. 위의 예에서는 1초 동안 2
개의 파동이 통과했으므로 1개의

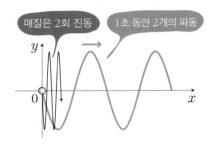

파동은 0.5초 만에 통과한 것을 알 수 있다. 따라서 주기는 0.5s가 된다.

진동수는 2Hz, 주기는 0.5s인 진동수와 주기 사이에는 다음과 같은 관
계식이 성립한다.

공식
$$f = \frac{1}{T} \text{ (또는 } T = \frac{1}{f} \text{)}$$
(진동수 = 1 ÷ 주기)

예를 들어 진동수 f 는 2Hz이므로 주기 T는 다음과 같다.

$$T = \frac{1}{f} = \frac{1}{2} = 0.5$$

이것은 앞에서 구한 0.5s와 일치한다.

가장 중요한 파동의 공식

파동의 속도 v와 다른 기호와의 관계에 대해서 알아보자. 오른쪽 그림처럼 진동수 3Hz인 파동이 원점을 지나간 경우를 생각해 보자.

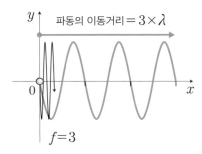

진동수가 3Hz라는 것은 1초 동안에 3개의 파동이 통과했다는 뜻이다. 이때 파동의 선두는 3번 통과했으므로 3λ[m] 이동했으며, 1초 동안 이동하는 거리를 속도라고 하므로, 이 파동의 속도는 3λ[m/s]가 된다.

이처럼 파동의 속도는 1초 동안 몇 개의 파동이 지나갔는지를 나타내는 f에 파동 1개의 길이 λ를 곱하면 구할 수 있다.

공식

$$v = f\lambda$$

(속도＝진동수 × 파장)

이것은 파동 분야를 통틀어 가장 중요한 공식이다.

이쯤에서 파동에서 기억해야 할 기호와 공식을 정리해 보자. 따로 표시해두면 필요할 때 확인하기 편할 것이다.

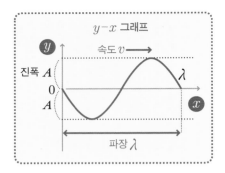

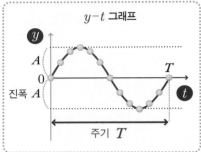

기호	의미	설명
$\lambda\,[\mathrm{m}]$	파장	• 파동(마루＋골) 1개의 길이
$A\,[\mathrm{m}]$	진폭	• 파동의 높이 공식
$v\,[\mathrm{m/s}]$	파동의 속도	• 파동의 속도 $v=f\lambda$ 공식
$T\,[\mathrm{s}]$	주기	• 1개의 파동이 일정 장소를 통과하는 데 걸리는 시간 • 매질이 1회 진동하는 시간 $T=\dfrac{1}{f}$ 공식
$f\,[\mathrm{Hz}]$	진동수	• 매질이 1초 동안에 진동하는 횟수 • 1초 동안에 일정 장소를 통과한 파동의 개수 $f=\dfrac{1}{T}$

두 종류의 파동

파동에는 횡파와 종파가 있다. 지금까지 살펴본 파동은 횡파였다. 횡파는 경기장의 파도타기와 비슷하다.

그러나 경기장에서는 옆 사람에 맞춰 제자리에서 섰다가 앉았다가 하면서, 즉 몸을 상하로 진동시킴으로써 웨이브(파동의 형태)가 진행된다. 결코 사람(매질)들이 파동의 형태와 함께 이동하는 것이 아니다.

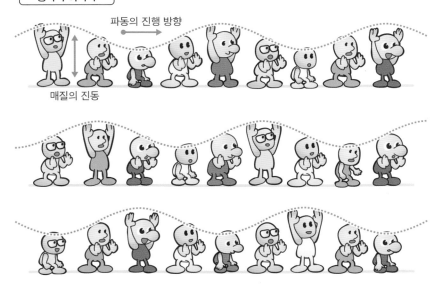

횡파의 이미지

파동의 진행 방향

매질의 진동

종파는 운동회에서 정렬했을 때의 모습을 상상하면 된다. 가장 뒤에 서 있던 당신이 장난을 치다가 앞에 있는 A의 등을 밀었다고 가정하자.

등을 떠밀린 A는 균형을 잃고 앞에 있던 B의 등을 밀면서 균형을 되찾는다. 등을 떠밀린 B는 균형을 잃고 앞에 있는 C의 등을 밀고 C는 D의 등을 밀고…, 이렇게 순서대로 앞사람을 미는 현상이 차례차례 전달된다. 이때 매질이 되는 사람은 좌우로 진동하는데, 이것이 바로 종파다.

용수철을 이용해 자세하게 종파의 모습을 재현해 보자.

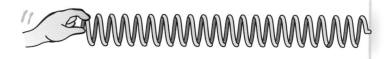

아래의 그림처럼 용수철을 힘껏 눌렀다가 손을 놓고 원래의 위치로 돌아오게 한다. 그러면 용수철의 압축되었던 밀도 높은 부분이 차례차례 전달되는 모습을 볼 수 있다.

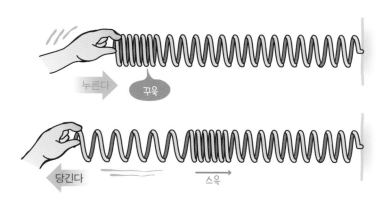

또 용수철을 눌렀다가 당기는 진동을 반복하면, 아래의 그림처럼 밀도가 높은 부분(밀)과 밀도가 낮은 부분(소)이 전달되는 것을 볼 수 있다.

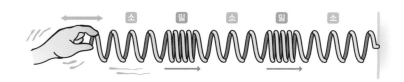

횡파와 마찬가지로 종파의 모습을 시간 순서에 따라 배열한 것이 아래의 그림이다.

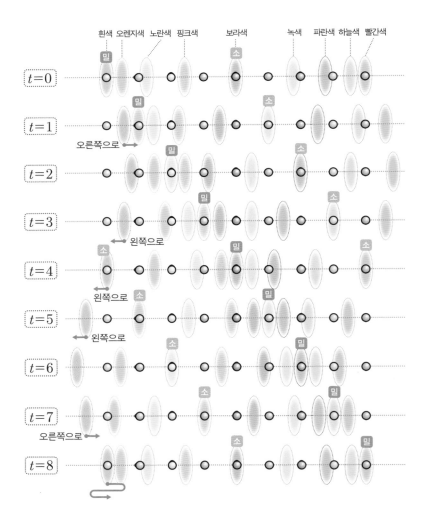

$t=0$에서는 흰색 매질이 이고, $t=1$에서는 오렌지색 매질이, $t=2$에서는 노란색 매질이…, 이렇게 시간의 경과에 따라 이 오른쪽으로 이동하는 것을 알 수 있다. 또 $t=0$의 보라색 매질을 보면 인데, $t=1$에서는 녹색이, $t=2$에서는 파란색이, $t=3$에서는 하늘색이…, 이렇게 시간의 경과에 따라 소가 오른쪽으로 움직이는 것을 알 수 있다.

이번에는 각 매질의 움직임을 살펴보자. 예를 들어 가장 왼쪽에 있는 흰색 매질에 주목하면, 처음에 있던 장소를 기준으로 오른쪽 → 왼쪽 → 오른쪽으로 좌우로 진동하는 것을 알 수 있다. 다른 매질도 같은 색깔의 공이 있는 곳을 기준으로 좌우로 진동하고 있다. 이를 통해 알 수 있듯이 종파도 매질이 소나 밀 부분과 함께 움직이지 않는다는 데 주의해야 한다.

다음은 횡파와 종파를 정리한 것이다.

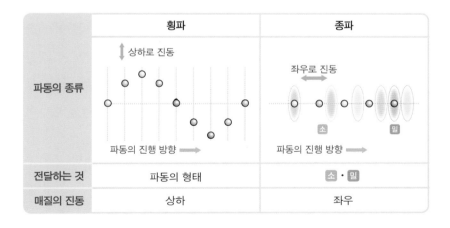

	횡파	종파
파동의 종류	상하로 진동 / 파동의 진행 방향 ⟶	좌우로 진동 / 소 밀 / 파동의 진행 방향 ⟶
전달하는 것	파동의 형태	소·밀
매질의 진동	상하	좌우

종파를 횡파로 나타내자

종파는 밀도가 전달되는 파동이므로 각각의 매질이 어디를 중심으로 진동하고 있는지 그림으로는 알기가 어렵다. 그래서 종파를 횡파처럼 표현하는 방법을 배워보기로 한다. 아래의 그림을 보자.

$t=4$

이 그림은 32쪽의 그림에서 $t=4$일 때, 매질이 기준(공의 위치)에서 얼마만큼 떨어져 있는지 화살표로 나타낸 것이다.

그리고 나서 아래 그림처럼 세로축을 만들고, 위쪽 방향으로 '매질의 오른쪽 방향의 진폭의 크기'를, 아래쪽 방향으로 '매질의 왼쪽 방향의 진폭의 크기'를 정한다. 노란색 화살표처럼 진동의 중심에서 오른쪽으로 화살표가 뻗으면 그 매질이 중심 위치에서 오른쪽으로 벗어나 있는 것이므로 화살표를 위로 그린다. 또 파란색 화살표처럼 화살표가 왼쪽으로 뻗으면 화살표를 아래로 그린다.

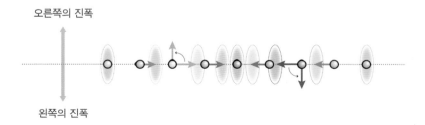

오른쪽의 진폭

왼쪽의 진폭

이처럼 오른쪽으로 뻗은 화살표는 위로, 왼쪽으로 뻗은 화살표는 아래로 방향을 바꾸고, 화살표의 머리를 매끄러운 선으로 연결하면 아래의 그림과 같이 횡파가 완성된다.

종파를 횡파처럼 표현했다면, 이번에는 이 횡파와 소, 밀의 위치를 대응시켜 보자.

위의 그림처럼 횡파의 내리막길에는 '밀'이, 오르막길에는 '소'가 대응하는 것을 알 수 있다. 마찬가지로 $t = 4, 5, 6$의 종파를 횡파로 변형시켜 배열한 것이 다음 그림이다.

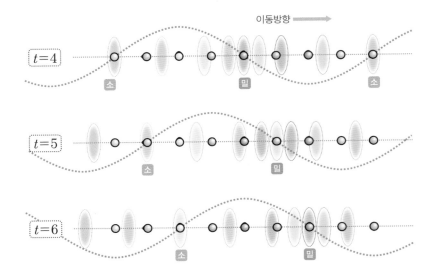

이 그림을 보면 알 수 있듯이 종파의 [소], [밀]의 이동과 함께, 종파를 변형시켜 만든 횡파도 오른쪽으로 이동한다.

종파의 1 · 2 · 3

종파를 횡파처럼 변형시키는 방법을 배웠으니, 이제부터는 움직임을 알기 힘든 종파도 횡파로 표현할 수 있을 것이다. 시험에 '횡파로 표기된 종파'를 그려놓고 어디가 '밀'이고 어디가 '소'인지를 묻는 문제가 자주 출제된다. 그래서 조금 샛길 같지만, 횡파를 종파로 변형하는 3단계 해법을 소개하려 한다.

종파로 변형 1·2·3

① 공을 놓고 상하로 화살표를 긋는다.

② 화살표가 위로 뻗으면 x 축 방향으로, 아래로 뻗으면 반대 방향으로 돌린다.

③ 화살표의 선두로 공을 이동시키고 소·밀을 기입한다.

이 3단계 해법을 이용해서 다음 문제를 풀어보자.

연습 문제 **1**   exercise

아래의 그림은 종파를 횡파로 나타낸 것이다. 소·밀은 0~G 중에 어느 부분인가? 기호로 답하시오.

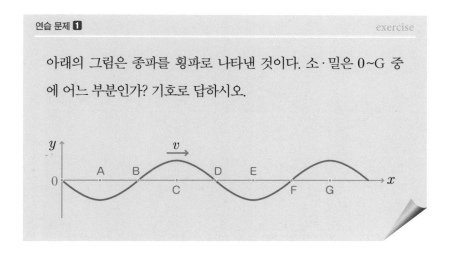

❶ 공을 놓고 상하로 화살표를 긋는다.

　아래의 그림처럼 높이가 0·마루·골인 특정 장소에 공을 놓는다. 그리고 횡파가 있는 곳을 향해서 상하로 화살표를 긋는다.

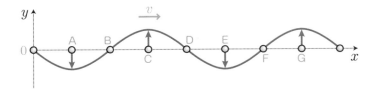

❷ 화살표가 위로 뻗으면 +x축 방향으로, 아래로 뻗으면 −x축 방향으로 돌린다.

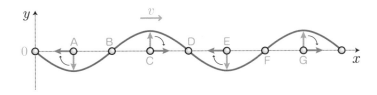

↑는 '오른쪽'으로, ↓는 '왼쪽'으로 돌린다.

❸ 화살표가 향하는 방향으로 공을 이동시키고 소·밀을 기입한다.

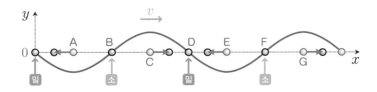

이동 후 공이 모이는 곳에 밀, 공이 멀리 떨어지는 곳에 '소'라고 기입한다. 이렇게 하면 완성! 밀이 된 곳은 O, D 두 곳, 소가 된 곳은 B, F 두 곳이다.

정답　　밀은 O, D　　소는 B, F

파동의 다섯 가지 성질

앞에서 우리는 파동을 나타내기 위해서 필요한 기호와, 종파와 횡파라는 두 종류의 파동에 대해서 배웠다. 이것으로 파동의 기초는 끝났다.

이번에는 파동이 가진 다섯 가지 이상한 성질에 대해서 살펴보자.

파동은 입자라고는 생각할 수 없는 재미있는 성질을 갖고 있다. 파동의 성질을 이해하게 되면 소리나 빛의 신기한 현상을 이해할 수 있게 될 것이다.

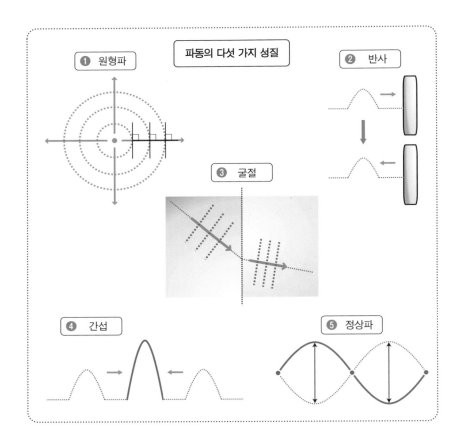

파동의 다섯 가지 성질

❶ 원형파
❷ 반사
❸ 굴절
❹ 간섭
❺ 정상파

파동의 성질 ❶ 원형파

용수철처럼 매질이 일직선으로 늘어선 경우 파동의 형태는 용수철 위를 이동한다. 그렇다면 매질이 2차원으로 퍼지는 수면에서는 파동은 어떤 식으로 움직일까?

파동의 성질❶ 원형파

매질인 물 분자가 수평면(2차원)으로 퍼지고 있는 수면에 돌을 던지면, 파동은 그림처럼 돌이 떨어진 장소를 중심으로 원형으로 퍼진다.

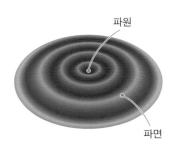

위에서 보면…

파원

파면

파원

파면

파동이 발생하는 장소를 파원波源, 마루나 골을 연결한 선을 파면波面이라고 한다. 파동은 파원을 중심으로 해서 원형으로 퍼지고, 파동이 진행하는 방향과 파면은 반드시 수직으로 교차한다. 이 파동을 원형파라고 한다.

정리: 원형파의 성질

• 파원을 중심으로 원형으로 퍼진다.
• 파동의 진행 방향과 파면은 수직이 된다.

• 원형파의 이용: 선 모양의 파동

이번에는 막대로 수면을 때려 보자. 그러면 다음 그림처럼 막대를 기준으로 파동이 평행하게 흘러갈 것이다.

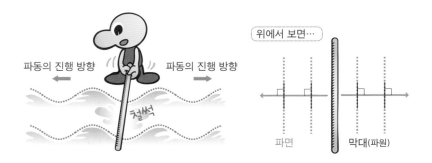

위에서 보면…

파동의 진행 방향

파동의 진행 방향

철썩

파면   막대(파원)

왜 이런 파면이 만들어지는 것
일까? '원형파의 성질'을 통해
서 그 이유를 알아보자. 오른
쪽의 그림을 보자.

막대로 수면을 치면(①) 그곳
에는 수많은 파원이 생기면서
원형파가 발생한다(②). 그리고
그 원형파들의 파면이 겹쳐진

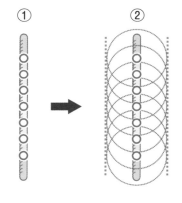

① ②

곳에 새로운 파면(빨간색으로 표시한 부분)이 생겨난다. 이처럼 평행하
게 발생하는 파동은 원형파의 중첩이라고 할 수 있다.

• 원형파의 이용: 파동의 회절

다음 그림처럼 제방에 작은 틈이 나 있다고 상상해 보자. 그 틈으로
파동이 들어오면 파동은 벌어진 틈을 일직선으로 통과해 나아가는
것이 아니라(그림1), 그 틈을 중심으로 원형으로 퍼지게 된다(그림2).

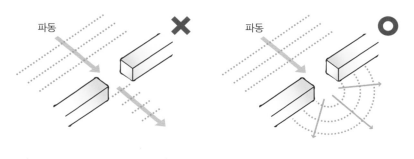

그림 1 　　　　　　　　　　그림 2

파동　　　　　　　✕　　　파동　　　　　　⭕

그런데 물질에서는 절대로 이런 현상이 일어나지 않는다. 예를 들어 벽 사이에 던진 공이 그 틈을 빠져나간 순간, 분열해서 퍼지는 일은 불가능한 것과도 같다.

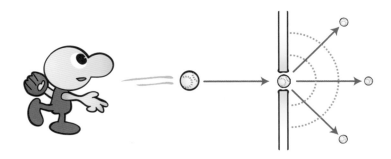

이런 현상을 파동의 회절이라고 한다. 회절은 제방의 틈이 새로운 파원이 되고, 그곳에서 파동이 원형으로 퍼지는 현상이다.

파동의 성질❷ 반사

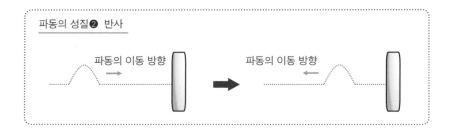

벽에 돌을 던지면 벽에 부딪친 돌은 소리를 내면서 벽 쪽에 떨어진다.

그렇다면 '파동'이 벽에 부딪치면 어떻게 될까? 예를 들어 욕조에 파동을 일으켜 욕조 벽에 부딪치게 해 보자.

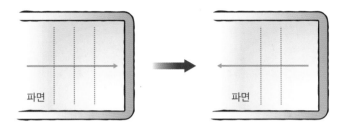

파면 　　　　　　　　 파면

　파동이 벽에 부딪치면, …신기하다! 아무 일도 없었다는 듯이 똑같은 속도로 되돌아온다. 이런 현상을 '반사'라고 한다. 파동은 벽에 부딪쳐도 입자처럼 부서지거나 사라지지 않는다.

　벽에 부딪치기 전의 파동을 '입사파', 반사된 파동을 '반사파'라고 한다. 반사에는 '❶ 자유단 반사'와 '❷ 고정단 반사' 두 가지가 있는데 이 두 종류의 반사에 대해서 자세히 알아보자.

❶ 그대로 돌아오는 '자유단 반사'

　앞에서 본 욕조에서 일어난 파동의 반사를 자유단 반사라고 한다. 자유단 반사에서는 `마루`를 만들어 벽에 부딪치게 하면 반사된 파동(반사파)은 `마루`로 돌아온다. 또 `골`을 만들면 반사파는 `골`로 되돌아온다.

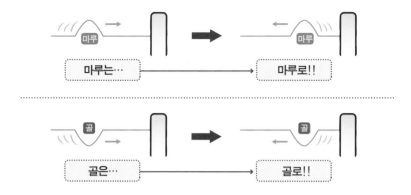

❷ 반대가 되어 돌아오는 '고정단 반사'

준비한 용수철의 한쪽 끝을 손으로 잡고, 다른 쪽 끝을 아래의 그림처럼 고정시켜서 파동을 일으킨다.

이렇게 하면 마루의 형태로 보낸 파동은 골의 형태로, 또 골의 형태를 보내면 마루의 형태로 되돌아온다. 이렇게 진동의 형태(이것을 '위상'이라고 한다)가 반대가 되어 돌아오는 반사를 '고정단 반사'라고 한다.

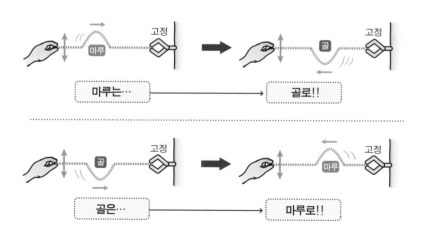

- 경사의 반사

아래의 그림처럼 파동이 벽에 비스듬하게 부딪치게 해 보자.

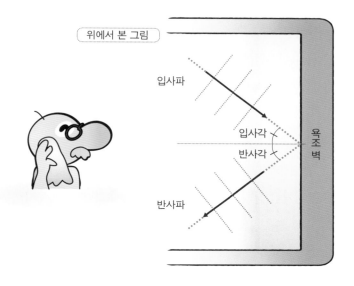

왼쪽 위에서 일정 각도로 들어온 파동은 상하로 반사된다. 이때 입사파의 진행 방향과 벽에서 수직으로 뻗은 선과의 각도를 '입사각', 반사파의 진행 방향과 벽에서 수직으로 뻗은 선과의 각도를 '반사각'이라고 한다. 경사의 반사의 경우 입사각과 반사각은 똑같아진다.

반사의 법칙

입사각 = 반사각

파동의 성질 ❸ 굴절

파동이 진행하는 도중에
갑자기 속도가 변하면 어떻
게 될까? 가령 해안 가까이
가면 수심이 얕아진다. 파동
은 수심이 얕을수록 속도가
느려지는 성질이 있기 때문에
해안이 가까워질수록 파동
의 속도는 느려진다. 이제

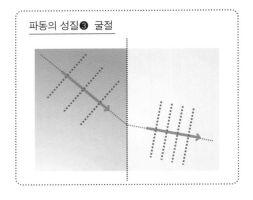

파동의 성질 ❸ 굴절

아래의 그림처럼 갑자기 수심이 얕아지는 경우를 생각해 보자.

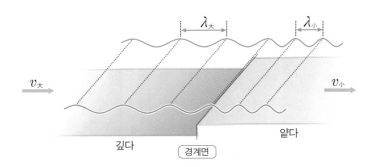

수심이 변하는 곳(경계면이라고 한다)에서 파동의 속도 v는 느려진다.
그러나 진동수 f는 변화하지 않는다. $v=f\lambda$이므로 v와 λ는 비례한다.
즉 v가 작아지면 파장 λ도 변화해서 짧아진다.
이번에는 파동이 경계면에서 비스듬하게 입사한 경우를 생각해 보자.

깊은 곳에서 얄은 곳으로 파동이 비스듬하게 입사하면, 파면을 진행 방향과 수직으로 유지하면서도 파동의 속도는 느려지기 때문에 경계면을 빠져나간 파면에서부터 속도가 느려진다. 이때 파동은 경계면에서 휘어진다.

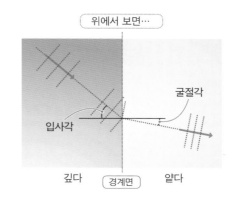

예를 들어 아래 그림처럼 두 아이가 막대를 잡고 달려가다가 한 아이가 갑자기 속도를 늦추면, 속도를 바꾸지 않은 다른 쪽 아이는 안쪽으로 확 돌게 된다. 이와 똑같은 일이 파동에서도 일어난다. 이렇게 파동이 휘어지는 현상을 '**파동의 굴절**'이라고 한다.

위의 그림처럼 입사파의 진행 방향과, 경계면에서 수직으로 뻗은 선과의 각도를 입사각, 굴절될 때의 각도를 굴절각이라고 한다.

파동의 성질 ❹ 간섭

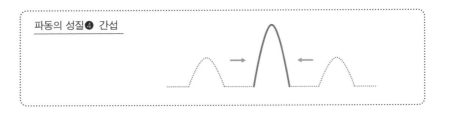

파동의 성질❹ 간섭

똑같은 크기의 돌을 서로 던져서 공중에서 부딪치면 어떻게 될까? 부딪친 두 개의 돌은 '픽' 소리를 낸 뒤 그 자리에 떨어질 것이다. 이 돌처럼 두 개의 파동이 부딪치면 어떻게 될까? 양쪽에서 동시에 같은 높이 A인 마루를 만들어 부딪치게 해 보자. 아래의 **그림 1**을 보면 양쪽에서 진행되고 있던 파동이 서로 부딪친 순간 왕성해져서 높이는 2배가 된다. 그러고는 아무 일도 없었던 것처럼 스윽 빠져나가듯이 이동한다. 재미있지 않은가?

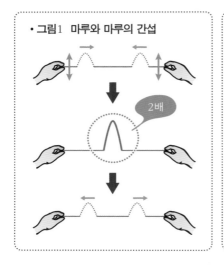

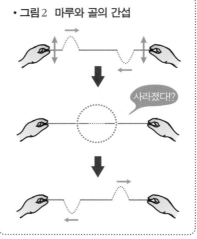

이번에는 **그림 2**를 보자. 한쪽은 마루, 다른 한쪽은 같은 높이(깊이)인 골을 만들어 부딪치게 하면, 두 개의 파동은 부딪친 순간 사라져 버린다. 하지만 사라졌다고 생각한 순간 아무 일도 없었다는 듯이 마루는 오른쪽으로, 골은 왼쪽으로 빠져나간다. 이렇게 어떤 파동이 다른 파동의 높이(진폭)에 영향을 미치는 것을 파동의 간섭이라고 한다.

간섭이 일어나는 이유는 무엇일까? 우리는 이미 파동을 만드는 매질이 상하로 진동한다는 사실을 알고 있다. '마루와 마루가 부딪친 경우'의 그림을 자세히 보자. 왼쪽에서 온 파동의 위로 진동하는 매질은, 오른쪽에서 온 파동의 '마루'에 의해서 더욱 위로 올라가 2배의 높이가 된다 $(A+A=2A)$.

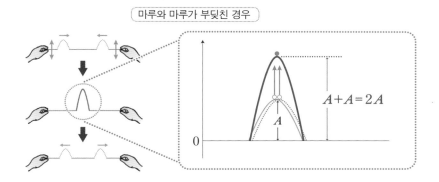

마루와 마루가 부딪친 경우

$$A+A=2A$$

또 다음 그림처럼 '마루'와 '골'이 부딪친 경우에는 위로 진동하던 매질이 오른쪽에서 온 '골'에 의해서 아래쪽으로 당겨지기 때문에, 매질은 원래의 위치로 돌아가서 파동은 마치 사라진 것처럼 보인다($A-A=0$).

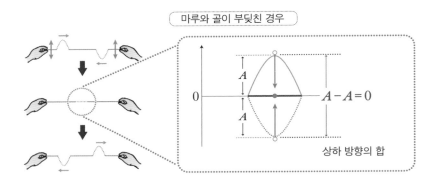

마루와 골이 부딪친 경우

파동의 성질 ❺ 반사+간섭=정상파

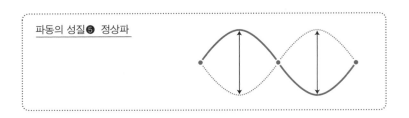

파동의 성질❺ 정상파

욕조에서 계속 파동을 일으켜 보자. 파동은 벽을 향해 진행하다가 벽에 부딪치면 반사되어 돌아온다. 돌아온 파동은 새로 생긴 입사파와 부딪쳐 간섭이 일어난다.

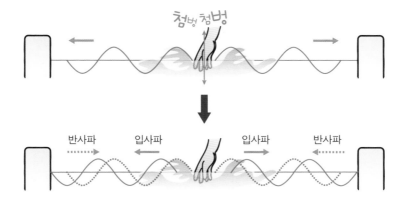

그러면 아래 그림처럼 크게 진동하는 이상한 파동이 발생한다.

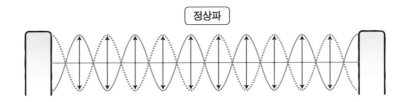

파동의 좌우 움직임은 멈추고 상하로 크게 진동하는 곳과 전혀 진동하지 않는 곳이 생긴다. 이 파동을 정상파라고 한다.

정상파는 어떤 구조로 되어 있을까? 다음 그림을 보자. 빨간 실선은 오른쪽으로 진행하는 입사파를, 빨간 점선은 벽에서 돌아와 왼쪽으로 진행하는 반사파를 나타내고 있다. 먼저 입사파와 반사파가 어떻게 이동하고 있는지 시간 변화를 따라가 보자.

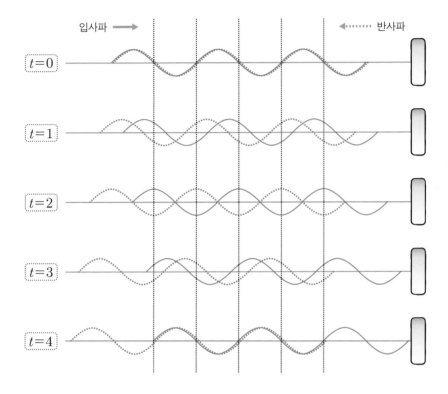

그림을 보면 입사파(실선)는 시간의 경과에 따라 오른쪽으로, 반사파(점선)는 왼쪽으로 이동하는 것을 알 수 있다. 그리고 두 개의 파동을 상하로 더한 것이 다음 그림에 보이는 빨간 실선이다.

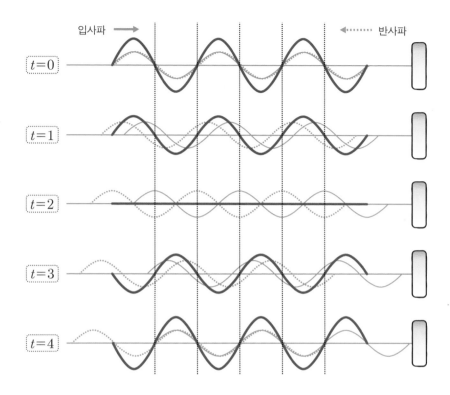

입사파 ──→

반사파 ◄·······

$t=0$

$t=1$

$t=2$

$t=3$

$t=4$

두 파동을 합성한 빨간 실선만 보자(빨간색으로 나타낸 이 파동을 합성파라고 한다). 다음 그림은 $t=0{\sim}4$의 합성파를 포갠 것이다.

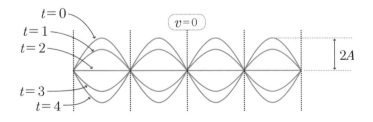

$t=0$
$t=1$
$t=2$
$t=3$
$t=4$

$v=0$

$2A$

출렁출렁 크게 움직이는 부분과 전혀 움직이지 않는 부분이 있다. 이것이 정상파이다. $t=0$과 $t=4$의 파동을 꺼내어 정상파를 더 자세히 보자.

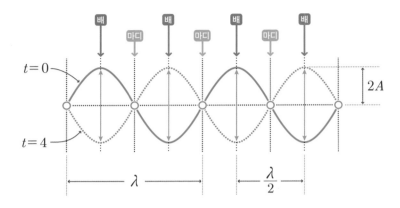

격렬하게 진동하는 부분을 '배', 전혀 진동하지 않는 부분을 '마디'라고 한다. 입사파의 파장과 비교하면 '배와 배'나 '마디와 마디'의 간격은 $\frac{\lambda}{2}$ 가 된다. 마치 잎사귀가 이어져 있는 것처럼 보인다. 정상파는 아래의 그림처럼 잎사귀 모양이 2장 모이면 원래의 파동(입사파)인 1파장이 된다.

정리

지금까지 1교시 수업으로 두 종류의 파동(횡파·종파)과 파동의 다섯 가지 성질(① 원형파, ② 반사, ③ 굴절, ④ 간섭, ⑤ 정상파)을 배웠다. 파동의 어떤 성질이 소리나 빛에 관련되어 있는지 정리한 그림은 다음과 같다.

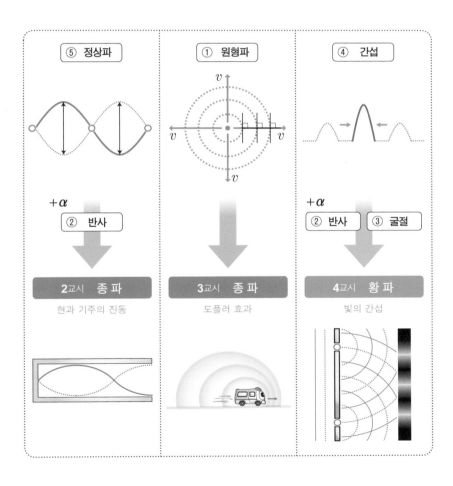

다음 시간부터는 이 파동의 성질을 이용해서 '소리'나 '빛'의 비밀에 대해서 설명할 것이다.

2교시의 '현과 기주의 진동'에는 ⑤ 정상파가, 3교시의 '도플러 효과'에는 ① 원형파가, 4교시의 '파동의 간섭'에는 ④ 간섭이 깊이 관련되어 있다.

이제 1교시를 복습하는 의미로 시험 문제에 도전해 보자.

종파와 정상파

그림 1처럼 평평한 수평면상에 달린 상태의 용수철을 놓고, 긴 방향으로 x축을 취하고, 용수철의 각 점의 위치를 x좌표로 나타냈다. 이때 용수철 상의 점 A, B, C는 각각 $x=0, L, 2L$ 위치에 있다. 그리고 용수철의 한 쪽 끝을 일정한 진동수로 진동시켜 파장 L인 소밀파(종파)를 만들었다.

그림 1

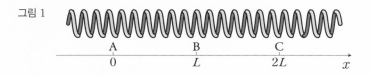

문제 1 일정 시간 동안 용수철의 상태를, 용수철의 각 점의 변위를 그래프에 y로 표시하자. 단 $+x$축의 변위는 $+y$값으로 하고, $-x$축의 변위는 $-y$값으로 한다.

그림 2 같은 소밀파가 발생한 상태를 나타내는 그래프로 가장 적당한 것을 아래의 ①~④ 중에서 하나 고르시오. 단 점 A, B, C의 위치는 움직이지 않았다.

그림 2

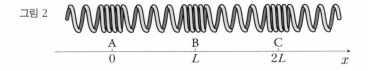

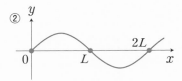

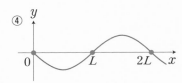

문제 2 진동시킨 용수철 끝과는 정반대쪽 끝을 고정시키자 정상파가 관측되었다. 이때 용수철의 소밀 변화는 고정단에서 얼마만큼의 거리에서 최대가 되는가? 가장 적당한 것을 다음의 ①~④ 중에서 하나 고르시오.

① 고정단에서의 거리가 $\dfrac{L}{2}$, $\dfrac{3L}{2}$, $\dfrac{5L}{2}$, ···이 되는 곳.

② 고정단에서의 거리가 $\dfrac{L}{4}$, $\dfrac{3L}{4}$, $\dfrac{5L}{4}$, ···이 되는 곳.

③ 고정단에서의 거리가 $0, L, 2L, 3L$, ···이 되는 곳.

④ 고정단에서의 거리가 $0, \dfrac{L}{2}, L, \dfrac{3L}{2}$, ···이 되는 곳.

해답① 이 문제의 포인트는 **그림2**에서 '밀과 밀의 간격에서부터 종파의 파장이 L인 곳(조건①)'과 'A, B, C의 포인트는 어느 것이든 밀 상태가 될 것(조건 ②)' 두 가지이다. 먼저 조건 ①에서 파장이 L인 것을 고르면, ①과 ③으로 좁혀진다. ①과 ③의 횡파로 표현된 그래프를, '종파로 변형 1 · 2 · 3'(33p)을 이용해 종파로 고쳐 보자.

- 선택지 ①에 대해서

❶ 공을 놓고 상하로 화살표를 긋는다.

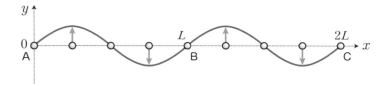

❷ 화살표가 위로 뻗으면 x축 방향으로, 아래로 뻗으면 x축의 반대 방향으로 돌린다.

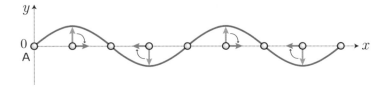

❸ 화살표의 선두로 공을 이동시켜 소 밀을 기입한다.

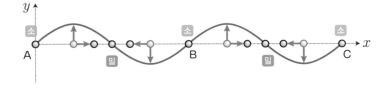

STEP 1·2·3 해법으로 만들어진 그림을 보면 A, B, C의 위치는 공이 떨어져 있는 [소]가 된다. 조건 ②에 의하면 A, B, C의 위치에서는 [밀]이 되므로 선택지 ①은 적합하지 않다.

- 선택지 ③에 대해서

마찬가지로 '종파로 변형 1, 2, 3'으로 ③을 변형하면 다음과 같다.

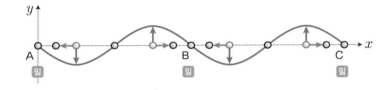

A, B, C는 모두 다 [밀]이 되었다. 따라서 정답 은 두 조건을 만족시키는 선택지 ③이 된다.

문제 **1**의 정답   ③

[해답2] 문제의 '진동시킨 용수철의 끝과는 정반대 쪽의 끝을 고정했다'가 포인트이다. 고정된 장소는 진동하지 않는다. 따라서 다음 그림과 같이 고정된 오른쪽으로 마디를 갖는 정상파가 생긴다.

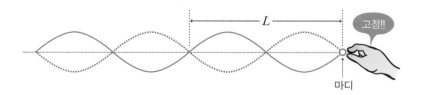

문제에서 '소밀의 변화가 최대가 된다'는 것은 어느 때는 [밀]이 되고 또 어느 때는 [소]가 되는, 매질이 모이거나 흩어지는 장소를 뜻한다. 위

의 그림에서 빨간색 실선일 때 종파의 모습과 점선일 때의 모습을 비교해 보자. '종파로 변형 1·2·3'을 이용하면 아래의 그림처럼 실선일 때에 밀이나 소가 된 마디의 위치는 점선일 때에는 반대로 소나 밀이 되어 있다.

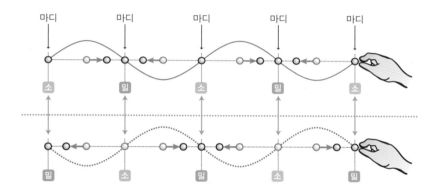

이와 같이 '마디'인 곳은 밀도 변화가 심해서 소 밀의 변화가 최대가 된다. 마디는 고정된 오른쪽 끝의 고정단에서부터 잎사귀 1장마다 나타나고 있다. 잎사귀 2장이 1파장이므로 다음 그림과 같이 마디는 $\frac{1}{2}L$마다 생긴다.

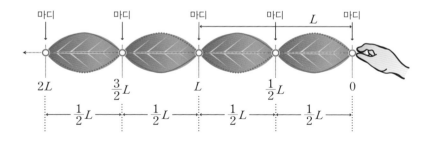

따라서 정답은 ④번이다.

문제 **2**의 정답   ④

• 파동을 나타내는 방법(그래프) •

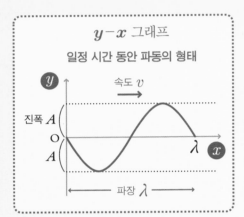

$y-x$ 그래프

일정 시간 동안 파동의 형태

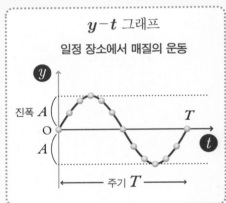

$y-t$ 그래프

일정 장소에서 매질의 운동

• 파동을 나타내는 방법(기호와 공식) •

파동에서 사용하는 기호와 공식은 외워 두자.

기호	의미	설명	
$\lambda\,[\mathrm{m}]$	파장	• 파동(마루+골) 1개의 길이	
$A\,[\mathrm{m}]$	진폭	• 파동의 높이	
$v\,[\mathrm{m/s}]$	파동의 속도	• 파동의 속도	$v=f\lambda$ 공식
$T\,[\mathrm{s}]$	주기	• 1개의 파동이 일정 장소를 통과하는 데 걸리는 시간 • 매질이 1회 진동하는 시간	$T=\dfrac{1}{f}$ 공식
$f\,[\mathrm{Hz}]$	진동수	• 매질이 1초 동안에 진동하는 횟수 • 1초 동안에 일정 장소를 통과한 파동의 개수	$f=\dfrac{1}{T}$ 공식

• 파동의 종류 •

	횡파	종파
파동의 종류	상하로 진동 파동의 진행 방향 ⟶	좌우로 진동 밀 소 파동의 진행 방향 ⟶
전달하는 것	파동의 형태	밀 · 소
매질의 진동	상하	좌우

• 파동의 성질 •

파동의 다섯 가지 성질을 외워 두자.

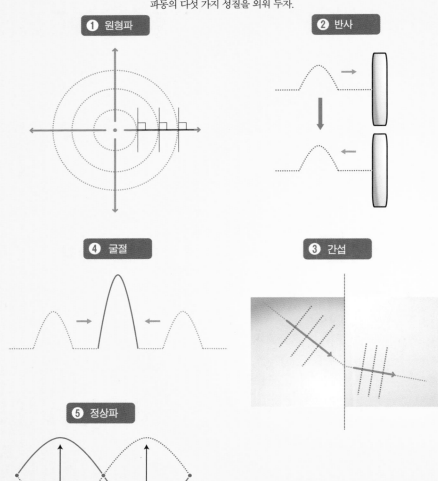

1 원형파

2 반사

4 굴절

3 간섭

5 정상파

2교시

악기의 구조
현과 기주의 진동

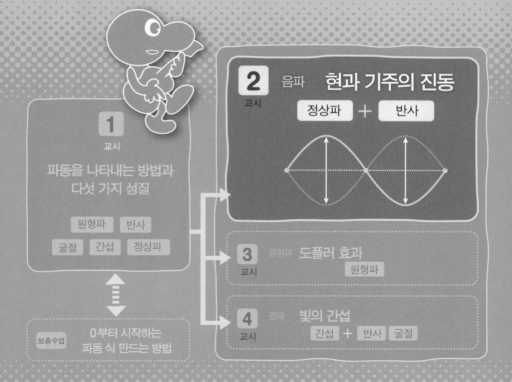

들어가며

공원에서 아버지가 아이의 등을 밀어 그네를 흔들어 주는 모습을 떠올려 보자. 이때 아버지가 타이밍을 고려하지 않고 아이의 등을 민다면 그네는 크게 흔들리지 않을 것이다.

"재미없어~."

그네를 크게 흔들기 위해서는 그네가 돌아오는 타이밍에 맞춰서 밀어야 한다.

"한 번, 두 번, 세 번….."

그네가 크게 진동하기 시작했다.

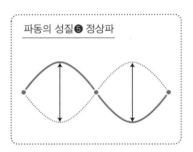

파동의 성질 ❺ 정상파

"와아! 네 번, 다섯 번…."

"이, 이제 그만해! 무서워!!"

그네의 이런 모습은 악기의 소리가 울리는 구조와 비슷하다. 그리고 1교시에 학습한 '정상파'와 깊은 관계가 있다.

2교에는 1교시에서 설명한 파동의 성질 ⑤ '정상파'를 이용해서 우리 주변에서 흔히 들을 수 있는 '소리'의 비밀을 알아볼 것이다.

파동의 정체

소리란 무엇일까? 예를 들어 '팡'이라든 지 '쿵' 같은 '소리라는 물질'이 따로 있 고, 그것이 우리의 귀에 도달해서 소리로 들리는 것일까?

실험을 해 보자. "아~." 하고 저음을 내면서 목을 만져 보자. 목이 가늘 게 진동하는 것을 알 수 있다. 또 북을 세게 두드렸을 때 북의 막을 만져 보면 진동하는 것을 알 수 있다. 소리의 비밀은 이 '진동'에 있다. 아래의 그림을 보자.

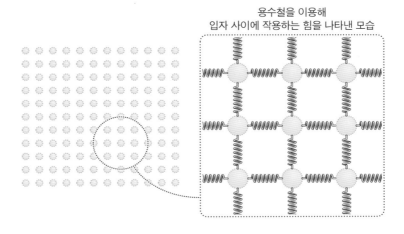

용수철을 이용해
입자 사이에 작용하는 힘을 나타낸 모습

이 그림은 공기 중에 있는 공기 입자(산소분자나 질소분자 등)를 공으로 나타낸 것이다. 이처럼 입자는 공기 중에 균일하게 퍼져 있으면서 각 입 자 사이에 작용하는 힘에 의해서, 마치 하나하나가 용수철로 연결된 것처 럼 일정한 거리를 유지하고 있다.

북을 두드려 막을 세밀하게 진동시키면 다음 그림처럼 공기 중의 입자는 좌우로 진동하면서 종파가 되어 전달된다.

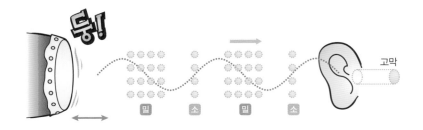

이 종파가 귀에 도달하면 고막을 진동시키고, 그 진동이 전기신호가 되어 뇌에 전달되면 우리는 소리를 감지한다.

이것이 소리의 정체이다. 소리는 '공기 입자'가 매질인 종파였던 것이다. 이 소리의 파동을 음파라고 한다. 위의 그림에서 빨간 점선은 종파를 횡파로 표기한 것이다. 앞으로는 소리라는 종파의 현상을 횡파로 표기하므로 주의하도록 한다.

소리의 속도

소리의 속도 V(음속)는 다음 식처럼 기온 t[℃]와 비례관계에 있다.

$$\boxed{음속 공식} \quad V = 331.5 + 0.6t$$

온도는 입자 운동의 격렬함을 나타낸 것이다. 온도가 높을수록 각각의 입자는 격렬하게 움직인다는 뜻이다. 소리의 파동(음파)은 공기 입자가 만드는 파동이므로 기온 t에 따라 변화한다. 이 공식은 따로 암기하지 말고 '음속은 약 340m/s'라고 기억하는 것이 좋다. 1초 동안에 340m나 진행한 다니 매우 빠른 파동이라고 할 수 있다.

소리의 고저

소리의 높고 낮음을 뜻하는 고저는 파동의 어떤 요소와 관계가 있을까? 실험해 보자. 목에 손을 대고 높은 소리의 "아~"를 내 본 뒤 다시 "아~" 하고 낮은 소리를 내 보자.

높은 소리를 낼 때는 낮은 소리를 낼 때보다 가늘게 진동하는 것을 느낄 수 있다. 즉 '높은 소리' '낮은 소리'는 진동수와 관계있다. 높은 소리란 진동수 f 가 큰 음파, 낮은 소리란 진동수 f 가 작은 음파를 말한다. 보통 기온은 순간적으로 변화하지 않기 때문에 음속 V가 일정하다면 파동의 공식에 의해서 다음과 같이 된다.

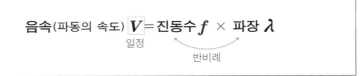

음속(파동의 속도) V = 진동수 f × 파장 λ

일정

반비례

이 식에 의하면 f와 λ는 반비례관계가 되므로 '진동수 f가 크고 높은 소리는 파장 λ가 작아지고', '진동수 f가 작고 낮은 소리는 파장 λ가 커진다'는 것을 알 수 있다.

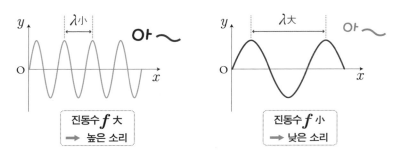

소리의 크기

그렇다면 소리의 크기는 파동의 어떤 요소와 관계가 있을까? 북을 가볍게 두드리면 작은 소리, 세게 두드리면 큰 소리가 난다. 즉 북 막의 진동 크기가 곧 소리의 크기가 된다. 소리의 크기는 음파의 진폭 A와 관계가 있는데, 진폭 A가 큰 파동일수록 커다란 소리로 들리고, 진폭 A가 작은 파동일수록 작은 소리로 들린다.

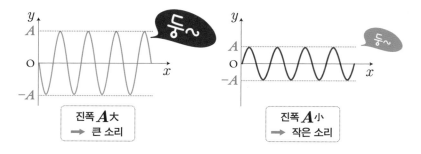

현의 진동과 정상파

여기까지가 음파의 기초 지식이다. 지금부터는 이번 시간의 주제인 악기의 구조에 관해서 알아볼 것이다. 먼저 기타 등 '현악기의 구조'에 대해서 살펴보자.

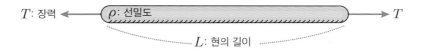

먼저 현의 길이 L, 현의 장력 T, 현의 선밀도(현의 종류) ρ(로) 등 현의 조건과 소리의 고저 관계에 대해서 살펴보자.

콘트라베이스처럼 현이 길고 큰 악기는 낮은 소리가 울리고, 바이올린처럼 현이 짧고 작은 악기는 높은 소리가 울린다. 또 기타 소리를 조정할 때 세게 치면 높은 소리가, 약하게 치면 낮은 소리가 된다. 그리고 6줄의 기타 현을 튕겨보면 위의 현일수록 굵고 낮은 소리가, 아래 현일수록 가늘고 높은 소리가 난다. 이것을 보면 소리는 '현의 길이' '현을 치는 방법' '현의 종류' 등과 관계되어 있음을 알 수 있다. 일상생활에서 소리와 관련된 이런 경험을 수식으로는 어떻게 설명할 수 있을까?

기타 현을 튕기면 현은 진동을 시작한다. 다음 그림은 기타 현을 손으로 튕겼을 때의 가장 단순한 현의 진동 모습(기본진동이라고 한다)을 나타낸 것이다.

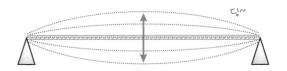

그림을 보면 중앙만 크게 흔들리고 있다. 이렇게 좌우로 움직이지 않고 중앙이 크게 흔들리는 파동을 정상파라고 했다. 그런데 어떻게 해서 정상파가 현에 생기는 것일까? 다음 그림을 보자.

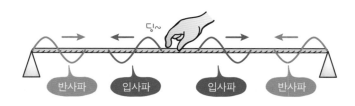

반사파　입사파　입사파　반사파

현의 중심을 튕긴 순간 파동은 현 위에 좌우로 전달된다. 이 파동은 양 사이드에서 고정단 반사되고, 두 반사파는 중앙에서 만나게 된다. 그리고 이 반사파가 겹치면 정상파가 만들어진다.

현에 정상파가 발생함으로써 현은 일정 간격으로 주변에 있는 공기 입자를 밀거나 당기거나 흔들기 시작한다. 이때 흔들린 공기 입자는 그네의 예처럼 커다란 진동을 시작하면서 커다란 소리가 되어 공간에 퍼진다. 이것이 현악기의 소리가 울리는 구조이다.

현에 전해지는 파동의 파장

그런데 다음 그림처럼 기본진동이 일어났을 때, 소리의 고저를 결정하는 진동수 f는 어떤 식으로 나타낼 수 있을까? $v=f\lambda$이므로 f를 구하기 위해서는 파장 λ나 파장의 속도 v를 알아야 한다.

현을 따라 전달되는 파동의 파장 λ를 구해 보자.

아래의 그림처럼 현의 길이 L 안에는 정상파 잎사귀가 1장 있다. '잎사귀 2장이 1λ'였으므로 이 정상파를 만드는 파동의 파장 λ는, 현의 길이를 2배 곱한 $2L$이 된다.

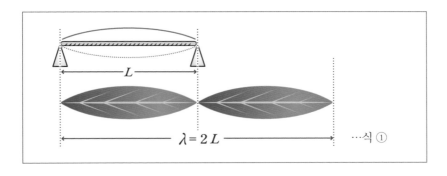

$$\lambda = 2L \qquad \cdots \text{식} \ ①$$

현에 전해지는 파동의 속도

현에 전해지는 파동의 파장 v는 현의 양 끝에 가하는 장력 T와 현의 선밀도 ρ를 이용해서 다음과 같은 공식으로 나타낼 수 있다.

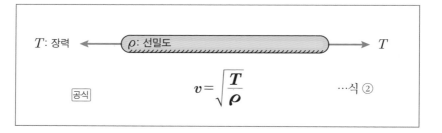

T: 장력 ρ: 선밀도 T

공식

$$v=\sqrt{\dfrac{T}{\rho}}$$ …식 ②

이 공식은 외워 두자. 공식을 보면 파동의 속도(v)가 현을 얼마나 강한 힘으로 당기는지(T), 또 현의 선밀도(ρ)의 차이 등과 관계있는지 알 수 있다.

이렇게 해서 정상파의 파장 λ와 속도 v를 알아냈다. 소리의 고저를 알기 위해서는 먼저 진동수 f를 구해야 한다. $v=f\lambda$에 식 ①, 식 ②를 대입해 보자. $v=f\lambda$이므로 f는 다음과 같이 구할 수 있다.

$$f=\dfrac{v}{\lambda}$$

식 ①을 λ와 식 ②의 v를 대입하면,

$$f=\dfrac{v}{\lambda}$$ $v=\sqrt{\dfrac{T}{\rho}}$ …식 ② $\lambda=2L$ …식 ①

$$f=\dfrac{1}{2L}\sqrt{\dfrac{T}{\rho}}$$

기본진동 소리의 높이 f 를 나타내는 식이 완성되었다. 이 식으로 현과 소리의 고저에 관해 알아보자.

f 와 L 은 반비례

$$f = \frac{1}{2L}\sqrt{\frac{T}{\rho}}$$

현의 길이 L 과 진동수 f 는 반비례관계에 있다. 즉 현의 길이 L 이 길면 (L 大) 들리는 소리는 낮아지고(f 小), 반대로 L 이 짧으면(L 小) 들리는 소리는 높아진다(f 大). 이 원리를 통해 크고 낮은 소리가 나는 콘트라베이스와 작고 높은 소리가 나는 바이올린의 구조를 식으로 나타낼 수 있다.

f 와 T 는 비례

$$f = \frac{1}{2L}\sqrt{\frac{T}{\rho}}$$

현의 장력 T 와 진동수 f 는 비례관계에 있다. 즉 장력 T 가 크면(T 大) 들리는 소리는 커지고(f 大), 장력 T 가 작으면(T 小) 들리는 소리는 낮아진다(f 小). 기타 현을 세게 튕기면 높은 소리가, 약하게 튕기면 낮은 소리가 나는 것을 나타낼 수 있다.

f 와 *ρ*는 반비례

$$f = \frac{1}{2L}\sqrt{\frac{T}{\rho}}$$

마지막으로 선밀도 *ρ*에 대해서 살펴보자. 선밀도 *ρ*와 *f*는 반비례관계에 있다. 즉 선밀도 *ρ*가 작은 현(*ρ*小)은 들리는 소리가 높아지고(*f*大), 선밀도 *ρ*가 큰 현(*ρ*大)은 들리는 소리가 낮아진다(*f* 小).

기타의 경우, 위와 아래 현은 굵기가 다른 종류를 사용한다. 그래서 위의 현은 선밀도가 크고, 식으로 나타낸 것처럼 낮은 소리가 난다. 또 아래의 현은 선밀도가 작고 높은 소리가 난다. 이 결과를 정리하면 다음과 같다.

	소리가 높다(진동수 *f* 大)	소리가 낮다(진동수 *f* 小)
현의 길이 *L*	짧다	길다
현의 장력 *T*	크다	작다
현의 선밀도 *ρ*	작다	크다

진동 패턴과 진동수

실제 현의 진동은 기본진동처럼 단순한 패턴으로 흔들리는 것이 아니라 다양한 패턴의 진동 구조로 흔들린다. 다음 그림은 현에 생기는 정상파의 패턴을 기본진동부터 3개를 나란히 나타낸 것이다.

중간의 진동을 '2배진동', 오른쪽 진동을 '3배진동'이라고 한다. 기본진동과 마찬가지로 2배진동이나 3배진동에 대해서도 진동수 f를 구해 보자.

먼저 f를 구하려면 각 진동의 파장 λ를 구해야 한다. 정상파의 파장은 다음 3단계로 구하면 된다.

● 정상파 1 · 2 · 3

① 그림을 그린다.
② 기본인 잎사귀의 길이(현은 1장, 기주는 0.5장)를 구한다.
③ 잎사귀 2장의 길이를 구한다.

2배진동은 다음 그림처럼 잎사귀가 2장 들어간다(스텝1). 현의 경우에는 잎사귀 1장의 길이를 먼저 구한다. 2배진동은 현의 길이가 L이므로 잎사귀 1장의 길이는 $\frac{1}{2}L$(스텝2)이다. 여기에 2배 해서 잎사귀 2장을 만들면 L이 된다(스텝3). 이것이 2배진동에서 정상파의 파장이다.

2배진동

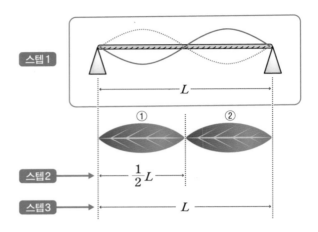

같은 방법으로 3배진동을 구해 보자. 3배진동은 아래의 그림처럼 3장의 잎사귀가 들어 있으므로 잎사귀 1장의 길이는 $\frac{1}{3}L$(스텝2)이다. 2배해서 2장으로 만들면 $\frac{2}{3}L$이 된다(스텝3).

3배진동

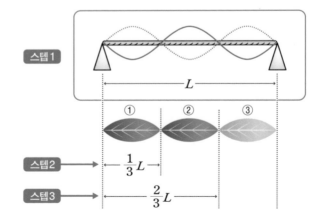

각각의 진동 패턴의 λ와 현에 전해지는 파동의 속도 v의 관계에 따라

$v = f\lambda$를 변형한 $f = \dfrac{v}{\lambda}$을 이용해서 진동수 f를 구한 것이 다음 표이다. 현에 전해지는 파동의 속도는 같은 현을 사용하므로 같은 값 $\sqrt{\dfrac{T}{\rho}}$가 들어 있다.

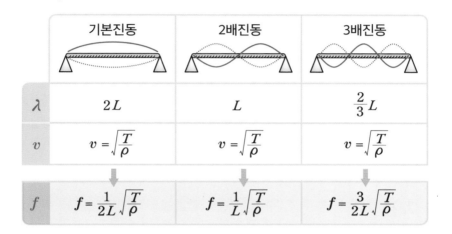

	기본진동	2배진동	3배진동
λ	$2L$	L	$\dfrac{2}{3}L$
v	$v = \sqrt{\dfrac{T}{\rho}}$	$v = \sqrt{\dfrac{T}{\rho}}$	$v = \sqrt{\dfrac{T}{\rho}}$
f	$f = \dfrac{1}{2L}\sqrt{\dfrac{T}{\rho}}$	$f = \dfrac{1}{L}\sqrt{\dfrac{T}{\rho}}$	$f = \dfrac{3}{2L}\sqrt{\dfrac{T}{\rho}}$

진동수를 보면,

기본진동 < 2배진동 < 3배진동

의 순서대로 커지는 것을 알 수 있다. 즉 3배진동의 진동수 f 가 가장 크고 고음이다.

여기서 진동수에 주목하면 '2배진동은 기본진동의 진동수를 2배 곱한 값', '3배진동은 기본진동수를 3배 곱한 값'이다. 진동명은 이렇게 기본진동의 진동수를 바탕으로 '○배진동'이라는 이름이 붙는다.

기주의 진동

이번에는 관악기의 구조에 대해서 알아보자. 관악기에는 플롯처럼 양 사이드가 열린 악기와 클라리넷처럼 한쪽 끝이 막힌 악기 등 두 종류가 있다. 전자를 개관, 후자를 폐관, 관 속의 공기를 기주라고 한다.

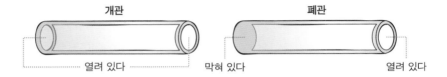

개관

개관은 양 사이드가 열려 있는 것을 말한다. 관에 공기를 힘껏 불어 보자.

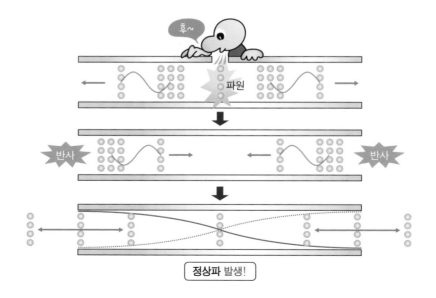

발생한 음파가 관 입구까지 가면 그중 일부는 벽이 없는데도 반사되어 돌아온다. 그리고 현의 경우와 마찬가지로 반사파가 서로 중첩되어 간섭하면서 정상파가 발생한다. 정상파가 발생할 때 매질은 어떤 운동을 할까?

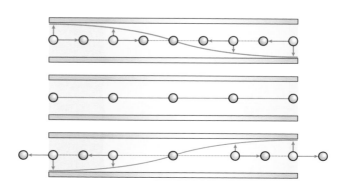

가장 단순한 개관의 진동 모습(기본진동)을 나타낸 이 그림에서 빨간 구슬은 횡파로 표기된 종파의 매질 위치를 뜻한다. 현과 관의 차이는 반사의 종류에 있다. 관의 양 사이드에서 자유단 반사로 반사되면서, 공기 분자가 좌우로 크게 흔들려 '배'가 된다. 이 진동의 모습을 사람으로 나타낸 것이 다음 그림이다.

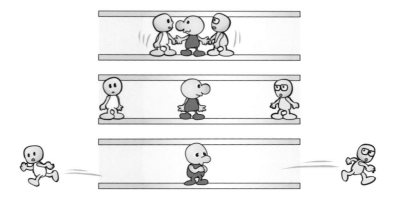

중심에 있는 사람에게 주변 사람들이 모여들어 밀도가 높아지거나 (밀), 멀어져서 외톨이가 되거나(소)를 반복한다. 이런 식으로 악기 안에 생긴 정상파는 기주의 입자를 정기적으로 밀거나 당겨서 크게 흔드는데, 이 진동에 의해서 음파가 전달되는 것이다.

개관의 진동 패턴과 소리의 고저

아래 그림은 플롯 안에 생긴 정상파의 모습을 단순한 것부터 차례대로 나열한 것이다.

개구의 특징은 양 사이드가 자유단 반사가 된다는 점이다. 모든 진동의 양 사이드에서 정상파의 입구가 열려 있다는 사실을 알 수 있다. 현의 경우와 마찬가지로 각 진동 패턴에서 진동수 f 를 구해 보자.

진동수 f 를 알기 위해서는 먼저 '정상파 1·2·3' 단계로 파장을 구해야 한다. 기주의 경우에는 다음 그림처럼 잎사귀 반의 길이(0.5장)를 먼저 구한 뒤에 4배 해서 잎사귀 2장의 길이, 즉 1파장을 구하면 된다.

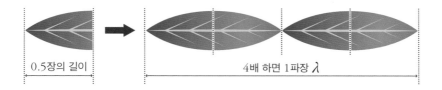

0.5장의 길이

4배 하면 1파장 λ

아래의 그림처럼 각각의 진동을 그림으로 그리고(스텝1), 잎사귀를 0.5
장마다 잘라보자.

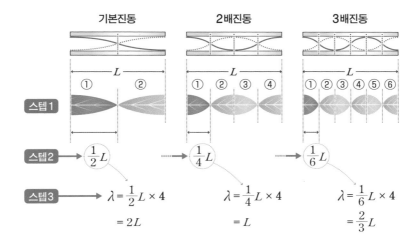

기본진동	2배진동	3배진동

스텝1

스텝2 ➡ $\frac{1}{2}L$ ┈➡ $\frac{1}{4}L$ ┈➡ $\frac{1}{6}L$

스텝3 ➡ $\lambda = \frac{1}{2}L \times 4$ $\lambda = \frac{1}{4}L \times 4$ $\lambda = \frac{1}{6}L \times 4$

$= 2L$ $= L$ $= \frac{2}{3}L$

기주의 길이가 L일 때, 기본진동수인 잎사귀 반(0.5장)의 길이는
$\frac{1}{2}L$(스텝2)이다. 잎사귀를 2장으로 만들기 위해서 4배 하면 파장 λ는 $2L$
이 된다(스텝3).

마찬가지로 2배진동은 잎사귀 0.5장이 4장 들어 있으므로 잎사귀 절반
의 길이는 $\frac{1}{2}L$이다. 여기에 4배 하면 L이 된다.

마지막으로 3배진동은 잎사귀 반이……

🗨️ "1, 2, 3, ……, 6!"

그렇다, 6장이 들어간다. 따라서 잎사귀 반쪽의 길이는 $\dfrac{1}{6}L$이 된다. 이것을 4배 하면 $\dfrac{2}{3}L$이 된다.

이렇게 해서 각 진동의 파장을 구했다. 진동하는 것은 공기 분자 자체이다. 따라서 파동의 속도는 음속 V(약 340m/s)이다. v와 f를 알았으니 $f = \dfrac{v}{\lambda}$로 f를 구하면 다음 표와 같다.

	기본진동	2배진동	3배진동
λ	$2L$	L	$\dfrac{2}{3}L$
v	음속 V	V	V
f	$\dfrac{V}{2L}$	$\dfrac{V}{L}$	$\dfrac{3V}{2L}$

표를 보면 3배진동의 진동수 f가 가장 크고 높은 소리가 난다.

진동수 f와 관의 길이 L의 관계를 알아보자. 예를 들어 기본진동의 진동수 식은 다음과 같다.

$$f = \frac{V}{2L}$$

이렇게 진동수 f와 관의 길이 L이 반비례관계가 된다는 것을 알 수 있다. 따라서 길이가 다른 관에 같은 진동수의 패턴을 가진 정상파가 일어난다면 관의 길이가 길수록(L大) 낮은 소리(f小)가, 짧을수록(L小) 높은 소리(f大)가 발생해 큰 악기는 낮은 소리를, 작은 악기는 높은 소리를 낸다는 사실을 알 수 있었다.

폐관

마지막으로 클라리넷처럼 한쪽이 막힌 '폐관'의 진동에 대해서 알아보자. 간단한 실험을 위해 준비한 병에 물을 담은 뒤 병의 입구에 입술을 대고 숨을 세게 불어넣는다.

제대로 하면 '부~!' 하고 배의 기적 같은 큰 소리가 울린다. 이것은 병 안에 생긴 음파가 수면과 병의 입구 양쪽에서 반사되어 정상파를 만들기 때문이다. 다음 그림은 폐관 안에서 일어나는 정상파를 기본진동부터 차례대로 나열한 것이다.

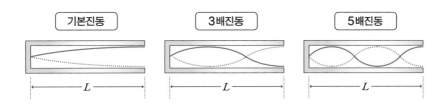

어떤 진동이든 오른쪽 관이 열린 부분에서는 자유단 반사가 되고, 정상파의 입구는 열려서 '배'가 되는 것을 알 수 있다. 또 왼쪽처럼 관이 막힌 부분에서 반사되는 파동은 고정단 반사가 되고, 정상파는 닫혀서 '마디'가 된다.

기본진동을 예로 들어 실제의 공기 분자가 어떤 진동을 하는지 이미지로 나타내 보았다.

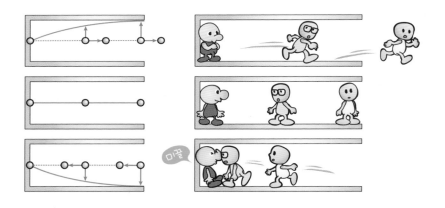

그림을 보면 '마디'인 곳에 있는 공기 분자는 다른 공이 다가오거나 멀어지면 밀도가 높아지거나 낮아지기를 반복한다. 또 관의 입구인 '배'에 있는 공기 분자는 크게 흔들린다. 이 흔들림에 의해서 음파가 전달되는 것이다.

폐관의 진동 패턴과 소리의 고저

87쪽에 나온 세 가지 진동 패턴으로 돌아가 각 진동의 이름을 다시 살펴보자. 지금까지 하던 대로라면, '2배, 3배…'가 될 것 같은데, 한가운데의 진동명은 '3배', 오른쪽의 진동명은 '5배'라고 쓰여 있다. 이것은 이 기주에 생긴 정상파의 진동수와 관계가 있다.

이번에도 진동수 f 를 구하고 진동명에 대해 생각해 보자. 진동수 f 를 구하기 위해서는 먼저 파장 λ 를 구해야 한다.

아래의 그림을 보자. '정상파 1·2·3' 단계에 따라 개관 때처럼 그림을 그린 후(스텝1) 잎사귀 절반(0.5장)의 길이를 구하고(스텝2), 거기에 4배 해서(스텝3) 잎사귀 2장의 길이, 즉 파장 λ 를 구하면 된다.

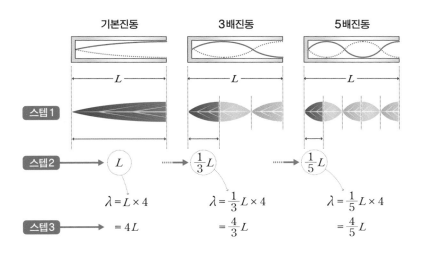

이번에는 속도 v를 알아보자. 개관 때처럼 폐관도 공기 분자가 직접 진동하므로 파동의 속도는 음속 V(약 340m/s)를 사용한다. $f = \dfrac{v}{\lambda}$ 이므로 각각의 진동수 f를 구하면 다음 표와 같다.

	기본진동	3배진동	5배진동
λ	$4L$	$\dfrac{4}{3}L$	$\dfrac{4}{5}L$
v	V	V	V
f	$\dfrac{V}{4L}$	$\dfrac{3V}{4L}$	$\dfrac{5V}{4L}$

각 진동 패턴의 진동수와 기본진동을 비교하면, 3배진동은 기본진동의 진동수의 '3배', 5배진동은 '5배'가 되는 것을 알 수 있다. 이것이 진동명의 유래이다.

기본진동을 예로 들어 진동수 f와 관의 길이 L의 관계를 알아보자.

$$f = \frac{V}{4L}$$

진동수 f는 관의 길이 L에 반비례하고 있으므로 관의 길이가 길면
(L大) 발생하는 소리는 낮아(f小)진다. 반대로 관이 짧으면(L小), 발생하
는 소리는 높아(f大)진다.

개구단 보정

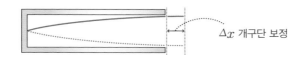

Δx 개구단 보정

마지막으로 개구단 보정 현상을 소개한다. 실제로 실험을 하면 관의 입
구에 있는 정상파의 '배' 부분(매질이 크게 좌우로 흔들리는 곳)은 위의 그림
처럼 관 입구에서 조금 바깥쪽으로 나와 있다. 튀어나온 이 부분의 길이
Δx를 개구단 보정이라고 한다. 문제에서 개구단 보정에 대해서 언급하
고 있다면 그림을 그릴 때 관의 입구에서 배를 튀어나오게 해야 한다.

그러면 문제에 도전해 보자.

현과 기주

　그림1과 같이 수면의 높이를 조절해서 기주의 길이 L을 변화시킬 수 있는 유리관과 **그림2**와 같이 선밀도 ρ인 일정한 굵기의 현이 있다. 그 현의 한쪽 끝은 고정되어 있고, 다른 끝에는 도르래를 통해 추가 매달려 있다. 현의 길이 L은 변화시킬 수 있다.

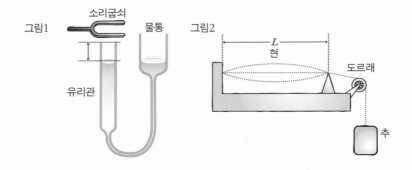

　문제1 **그림1**처럼 진동수 f를 가진 소리굽쇠를 유리관의 입구 부근에서 울리면서 유리관 내의 수면을 입구에서 차례대로 내리면, $L = L_1$일 때 최초의 공명이 발생하고, $L = L_2$일 때 다음 공명이 발생한다. 공기 중의 음속 V는 얼마인가? 다음 ①~⑤ 중에서 옳은 것을 하나 고르시오. 단 개구단 보정을 고려할 것.

　① $\dfrac{1}{4}(L_2 - L_1)f$　　② $\dfrac{1}{2}(L_2 - L_1)f$　　③ $(L_2 - L_1)f$

　④ $2(L_2 - L_1)f$　　⑤ $4(L_2 - L_1)f$

문제 2 현의 중앙을 손으로 튕기자 **그림2**처럼 진동수 f 의 기본진동이 발생했다. L과 추의 질량을 바꾸지 않은 상태에서 현의 기본진 동을 $\frac{f}{2}$ 로 하기 위해서는 ρ의 몇 배의 선밀도인 현을 이용해야 하는가? 다음 ①~⑥ 중에서 옳은 것을 하나 고르시오. 단 현에 전해지는 파동의 속도는 현의 선밀도의 제곱근에 반비례한다.

① $\frac{1}{4}$ ② $\frac{1}{2}$ ③ $\frac{1}{\sqrt{2}}$

④ $\sqrt{2}$ ⑤ 2 ⑥ 4

문제 3 현에 전해지는 파동의 속도 v를 구해 보자. 현의 길이 L에 변화를 주고 현의 기본진동수 f를 소리굽쇠의 진동수 f와 동일하게 했다. 현의 길이 L을 0.24m, **문제1**에서 기주의 길이 L_1을 0.20m, 공기 중에서의 음속 V를 340m/s라고 했을 때, v는 얼마인가? 가장 적당한 것을 다음 ①~⑤ 중에서 하나 고르시오. 단 기주 안에서 정상파의 배의 위치는 개구단과 일치한 것으로 한다.

① 1.0×10^2 ② 2.0×10^2 ③ 3.1×10^2

④ 4.1×10^2 ⑤ 5.1×10^2

현이나 기주의 진동 문제는 v, f, λ 이 세 요소 중 어느 기호가 고정되어 변화하지 않는지를 확인하는 것이 포인트이다.

수면의 높이를 L_1과 L_2로 바꿨을 때, 소리굽쇠의 진동수 f는 동일한 소리 굽쇠를 사용하기 때문에 변화하지 않는다. 또 음속 V는 기온이 변화하지 않기 때문에 변화하지 않는다. $v = f\lambda$이므로 v와 f가 변화하지 않았으니 λ도 변화할 수 없다.

처음에 공명했을 때(정상파가 생겼을 때)와 다음 공명이 일어날 때까지 파장 λ의 값은 같다. 즉 잎사귀의 길이는 같다.

입구 부근에서 조금씩 수면을 내리면, 처음에 공명이 일어나는(정상파가 발생하는) 것은 **그림 1**일 때이다. 여기서 잎사귀의 길이(파장)를 바꾸지 않고 다음 공명이 일어나는 상황은 **그림 2**일 때 외에는 생각할 수 없다.

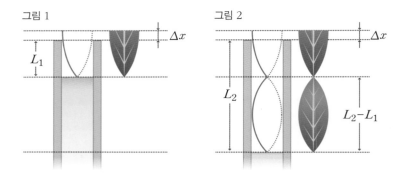

이 그림을 그릴 수 있는지가 포인트이다! 그리고 그림을 그릴 때에는 개구단 보정 Δx를 고려해서, 정상파의 배 부분을 위의 그림처럼 관 밖으로 약간 내어 그린다. 그림을 보면 알 수 있듯이 Δx가 있기 때문에 파장 λ는 단순히 L_1를 4배 해서 구할 수는 없다. Δx의 영향을 제거하기 위해서 L_2에서 L_1

의 값을 뺀 잎사귀 1장의 길이(L_2-L_1)를 이용한다. 이 정상파의 파장 λ 는 잎사귀 2장으로 하면 다음과 같다.

$$\lambda = 2(L_2 - L_1)$$

그리고 음속 V는 $v=f\lambda$ 이므로 다음과 같이 된다.

$$V = 2(L_2 - L_1)f \qquad \boxed{\text{문제 1의 정답}} \quad ④$$

해답 2 **문제 2**와 같이 현과 기주의 문제는, 처음 상태에서 조건을 바꾸어 다른 상태로 변화시켰을 때 v, f, λ가 어떻게 변화하는지를 종종 묻는다. 이런 문제는 다음 STEP 1·2·3 해법으로 간단하게 해결할 수 있다.

현과 기주의 1·2·3

		처음	나중
스텝 ❶	진동의 모습 λ		
스텝 ❷	속도 v		
	진동수 f	↓	↓
스텝 ❸	$v=f\lambda$		

① 그림을 그려 표의 λ를 구한다('정상파의 파장 1 · 2 · 3' 참조).

② 문제에서 표의 v, f를 채운다.

　　※ 참고 현의 속도: $v=\sqrt{\dfrac{T}{\rho}}$, 기주의 속도: 음속 V(온도 t로 변화)

③ '처음'과 '나중'에 각각 $v=f\lambda$를 만든다.

그러면 이 3스텝으로 문제를 풀어보자.

❶ 그림을 그려 표의 λ를 구한다

문제를 보면 현의 종류는 바뀌지만, 현의 길이나 기본진동은 바뀌지 않는다. 따라서 표 안에 기본진동인 정상파를 그려서 파장을 구하면 된다.

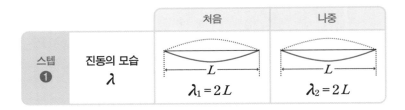

스텝 ❶	진동의 모습 λ	처음	나중
		$\lambda_1=2L$	$\lambda_2=2L$

파장 λ_1, λ_2는 같은 값이며 각각 $2L$이 된다.

❷ 문제에서 표의 v, f를 채운다.

		처음	나중
스텝 ❷	속도 v	$v_1=\sqrt{\dfrac{T}{\rho}}$	$v_2=\sqrt{\dfrac{T}{\rho_2}}$
	진동수 f	$f_1=f$	$f_2=\dfrac{f}{2}$

'처음'에서 선밀도는 ρ를 이용하는데, 현에 전해지는 파동의 속도는 장력 T를 사용해서 $v_1 = \sqrt{\dfrac{T}{\rho}}$로 나타내고, '나중'에서는 선밀도가 ρ_2로 바뀌지만, 추의 질량은 바뀌지 않기 때문에 장력 T는 변하지 않는다. 따라서 $v_2 = \sqrt{\dfrac{T}{\rho_2}}$으로 나타낸다. 진동수는 문제의 조건에 맞춰서 '처음'은 f, '나중'은 $\dfrac{f}{2}$ 으로 둔다.

❸ '처음'과 '나중'에 각각 $v = f\lambda$를 만든다.

그러면 '처음'과 '나중'을 보고 $v = f\lambda$를 만들어 표를 채워 보자.

		처음	나중
스텝 ❶	진동의 모습 λ	$\lambda_1 = 2L$	$\lambda_2 = 2L$
스텝 ❷	속도 v	$v_1 = \sqrt{\dfrac{T}{\rho}}$	$v_2 = \sqrt{\dfrac{T}{\rho_2}}$
	진동수 f	$f_1 = f$	$f_2 = \dfrac{f}{2}$
스텝 ❸	$v = f\lambda$	$\sqrt{\dfrac{T}{\rho}} = f \cdot 2L$ ⋯식 ① $(v_1 = f_1 \lambda_1)$	$\sqrt{\dfrac{T}{\rho_2}} = \dfrac{f}{2} 2L$ ⋯식 ② $(v_2 = f_2 \lambda_2)$

식 ①에서 ρ를 구하면,　　$\rho = \dfrac{T}{4f^2L^2}$　　…식 ①'

식 ②에서 ρ_2를 구하면,　　$\rho_2 = \dfrac{T}{f^2L^2}$　　…식 ②'

두 개의 식 ①'와 식 ②'를 비교하면 $\rho_2 = 4\rho$.

문제 **2**의 정답　　⑥

ρ_2는 ρ의 4배가 된다.

해답 ③ '처음'을 현의 진동, '나중'을 기주의 진동으로 하고, '현과 기주의 1 · 2 · 3'을 이용해 풀면 된다.

❶ 그림을 그려 표의 λ를 구한다.

문제에서 현의 진동과 기주의 진동이 모두 기본진동인 그림을 그려 보자. 기본진동에서는 문제에 '기주 내의 정상파의 배의 위치는 개구단과 일치하는 것으로 한다'라고 써서 개구단 보정에 대해 생각하지 않아도 됨을 나타낸다. 그럼 정상파인 배의 위치를 입구와 함께 그려 보자.

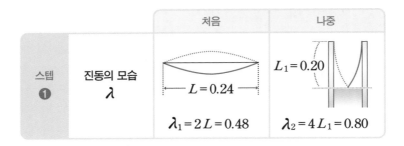

스텝 ❶	진동의 모습 λ	처음	나중
		$L = 0.24$	$L_1 = 0.20$
		$\lambda_1 = 2L = 0.48$	$\lambda_2 = 4L_1 = 0.80$

이 그림을 보면서 현의 길이나 관의 길이로 파장 λ를 구해 보자. 현은 기본진동 안에 잎사귀가 1장 들어 있으므로 파장 λ_1는 2배의 길이인 0.48m이다. 기주는 기본진동 안에 잎사귀 반 개가 들어 있으므로, 파장 λ_2는 4배의 길이인 0.80m이다.

❷ 문제에서 표의 v, f 를 채운다.

문제를 보고 속도와 파장을 표에 채워 보자.

		처음	나중
스텝 ❷	속도 v	v	340
	진동수 f	f	f

문제에서 현에 전해지는 파동의 속도는 v, 기주 안을 전달하는 음파의 속도는 340m/s이다. 진동수는 문제에 '소리굽쇠와 현의 진동수는 동일하다'는 조건이 있으므로 같은 기호 f 를 넣었다.

❸ '처음'과 '나중'에 각각 $v=f\lambda$를 만든다.

그러면 ①과 ②에서 파동 식 $v=f\lambda$를 만들어 보자.

		처음	나중
스텝 ❶	진동의 모습 λ	$L = 0.24$ $\lambda_1 = 0.48$	$L_1 = 0.20$ $\lambda_2 = 0.80$
스텝 ❷	속도 v	v	340
	진동수 f	f	f
스텝 ❸	$v = f\lambda$	$v = f \times 0.48$ $\cdots$식 ①	$340 = f \times 0.80$ $\cdots$식 ②

식 ②에서 f를 구하면 425Hz이 된다. 이 f 값을 식 ①에 대입하면 $v = 204$m/s가 된다. 그 결과 가장 적절한 것은 선택지 ②인 2.0×10^2m/s이다.

문제 **3**의 정답 ②

2교시 정리

• 현과 기주 문제를 푸는 방법은 똑같다 •

그림을 그려 파장을 구한다.
어디가 고정단이 되고 어디가 자유단이 되는지가 그림의 포인트이다.

고정   고정   고정   자유

• 정상파 안에 들어간 잎사귀를 늘림으로써
몇 배 진동이든 자유롭게 그릴 수 있다 •

구한 정보 λ, v, f 는 표로 정리하자.

		처음	나중
스텝 ❶	진동의 모습 λ		
스텝 ❷	속도 v		
	진동수 f	⬇	⬇
스텝 ❸	$v = f\lambda$		

표가 완성되면 $v=f\lambda$의 식을 '처음'과 '나중'에 각각 만들어서 연립시키면 된다.

3교시

구급차 소리의 비밀
도플러 효과

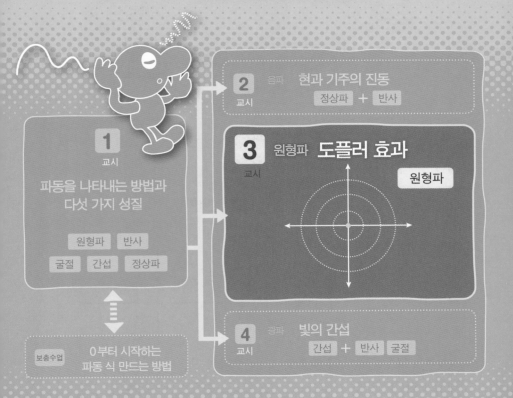

1교시
파동을 나타내는 방법과
다섯 가지 성질

원형파 반사
굴절 간섭 정상파

보충수업
0부터 시작하는
파동 식 만드는 방법

2교시 음파 현과 기주의 진동
정상파 + 반사

3교시 원형파 도플러 효과
원형파

4교시 광파 빛의 간섭
간섭 + 반사 굴절

들어가며

　구급차가 눈앞에서 지나가는 상황을 떠올려 보자. 구급차가 가까이 다가올 때는 '위용위용' 하고 평소보다 큰소리로 들릴 것이다. 그리고 눈앞을 스쳐지나갈 때에는 평소의 '삐뽀삐뽀' 하고 낯익은 소리가, 멀어져갈 때는 '비보비보' 하고 낮은 소리가 들릴 것이다.

　신기한 현상이다. 물론 구급차가 우리를 놀라게 하기 위해서 일부러 높거나 낮은 소리를 조작하는 것은 아니다. 구급차가 움직이기 때문에 자연스럽게 음정이 다르게 들리는 것이다. 이런 현상을 '도플러 효과'라고 한다.

　이번 시간에는 도플러 효과가 왜 일어나는지 그 비밀을 파헤쳐 볼 것이다. 도플러 효과는 파동이 원형으로 퍼지는 성질 '① 원형파' 와 깊게 연관되어 있다(41쪽 참조).

파동의 성질❺ 원형파

수면파가 퍼지는 방법

수면에 일정한 시간 간격으로 돌을 던져 보자. 돌 1개당 1개의 파문이 생기는 것으로 가정한다. 돌을 던진 장소가 같다면, 아래의 왼쪽 그림처럼 던진 장소(파원이라고 한다)를 중심으로 파문이 퍼질 것이다.

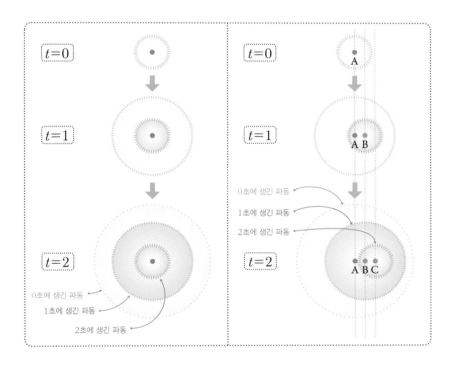

이번에는 오른쪽 그림처럼 돌을 던지는 장소를 조금씩 어긋나게 해서 던져 보자. $t=0$에서 A의 위치에 생긴 파란 파동은 A를 중심으로 $t=1$, $2,\cdots$ 이렇게 퍼진다. 또 $t=1$에서 B의 위치에 생긴 빨간 파동은 B를 중심

으로 퍼진다. 마찬가지로 $t=2$에서 C의 위치에서 생긴 녹색의 파동은 C를 중심으로 퍼진다. 이렇게 하나하나의 파동은 그 파동이 발생한 장소를 중심으로 퍼진다. 그리고 파동 전체의 모양을 자세히 보면 오른쪽으로 치우쳐 있는 것을 알 수 있다. 여기에 도플러 효과가 일어나는 원인이 있다.

소리가 퍼지는 방법

음파를 전달하는 매질은 공기 입자이다. 공기 입자는 지구상 어디에나 존재한다(3차원 공간). 따라서 구급차의 소리가 공기를 진동시키면 음파는 구급차를 파원으로 삼아 구형으로 퍼진다. 예를 들어 아래 그림처럼 원점에서 '삑!' 하고 순간적으로 소리를 내면, 음파의 구^{면}는 음속 V(대략 340m/s)로 퍼지고, 그 음파가 사람의 귀에 도달하면 '삑!' 하는 소리로 들린다.

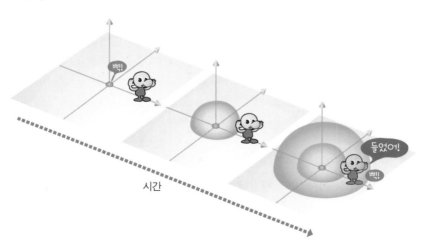

시간

이번에는 연속적으로 소리를 내는 경우의 모습을 살펴보자. 아래의 그림은 구급차가 멈춰서 '삐뽀삐뽀' 소리를 냈을 때 음파의 모습을 나타낸 것이다.

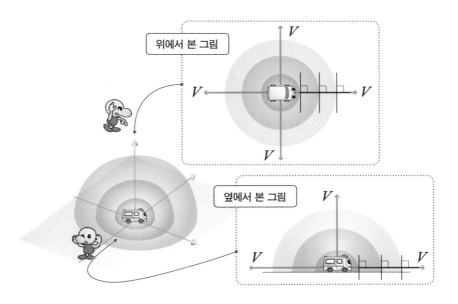

많은 음파가 파원을 중심으로 퍼지고 있다. 위에서 본 모습은 돌을 같은 장소에 던졌을 때의 수면파 모습(2차원)과 비슷하다.

여기서는 이해하기 쉽게 파동의 수를 줄여서 표현하고 있으니 이 그림은 실제보다 파면의 수를 줄여서 표현했다는 사실을 기억하자.

음원이 움직이면 어떻게 될까?

그런데 구급차가 움직이기 시작하면 음정이 다르게 들리는 이유는 무엇일까? 아래 그림은 구급차가 움직이면서 소리 내는 모습을 나타낸 것이다.

원점에서 발생한 $t=0$일 때 생긴 음파는 음원이 움직였다 해도 파원인 원점을 중심으로 퍼진다. $t=1$의 음파도 발생한 장소를 중심으로 퍼진다.

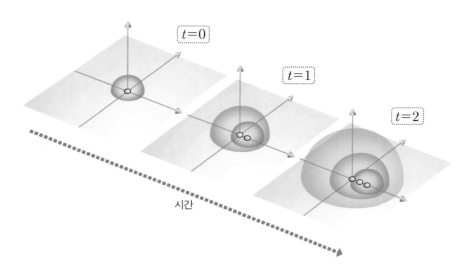

109쪽 위의 그림은 $t=2$ 상태의 단면도이다. 위에서 본 그림은 105쪽의 돌을 던진 위치를 조금씩 어긋나게 했던 수면파의 경우와 비슷하다.

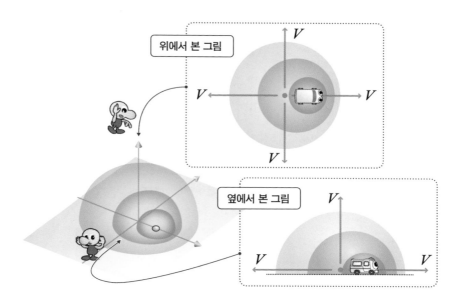

위에서 본 그림

옆에서 본 그림

도플러 효과가 일어나는 이유

옆에서 본 '정지해 있는 경우'와 '움직이는 경우'의 그림을 비교해 보자.

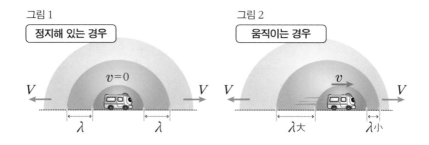

그림 1

정지해 있는 경우

$v=0$

V V

λ λ

그림 2

움직이는 경우

v

V V

λ大 λ小

정지해 있든 움직이든 음속 V는 변화하지 않는다. 정지해 있는 경우에는 **그림 1**처럼 음파의 파장 λ는 상하좌우 어디를 봐도 동일한 간격이다. 이때 1초 동안에 같은 수의 파동이 관측자의 귀를 통과한다.

하지만 오른쪽 그림처럼 움직이면, 음원이 소리를 내는 위치가 조금씩 앞으로 진행하면서 파면의 간격이 전방에서는 좁고(λ小), 후방에서는 넓어(λ大)진다. 따라서 아래의 그림처럼 전방에 있는 관측자에게는 파장이 짧아진 음파가 음속으로 다가가기 때문에 평균 이상의 많은 음파가 귀를 통과하게 된다.

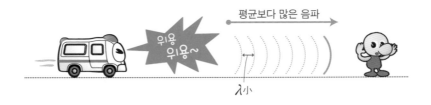

식으로 나타내면 $v = f\lambda$이므로 다음과 같다.

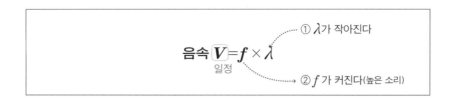

후방에 있는 관측자에게는 평균보다 파장이 긴 파동이 음속으로 통과하게 된다. 이때 각 음파의 간격이 길기 때문에 평균보다 귀를 통과하는 음파가 적어진다. 그래서 진동수가 작고 낮은 소리가 들리는 것이다.

식으로 나타내면 $v = f\lambda$ 이므로 다음과 같다.

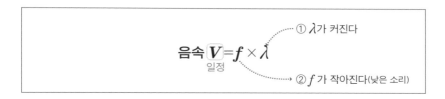

이것이 도플러 효과가 일어나는 이유이다.

도플러 효과를 식으로 나타내자

도플러 효과의 이미지를 이해했는가? 이번에는 도플러 효과를 수식으로 나타내 보자. 교과서에는 복잡한 공식이 잔뜩 실려 있을지도 모른다. 이것을 보고 고개를 돌리는 사람도 있을 텐데, 굳이 이 공식들을 외울 필요는 없다. 도플러 효과의 공식이라면 앞으로 나올 '도플러 효과 1·2·3'을 이용해서 간단히 만들 수 있기 때문이다.

'(A) 음원이 다가오는 경우' '(B) 음원이 멀어지는 경우' '(C) 관측자가 음원으로 다가가는 경우' '(D) 관측자가 음원에서 멀어지는 경우' 등 네 가지 패턴으로 나누어서 도플러 효과의 공식을 하나씩 만들어 보자.

음원이 정지해 있는 경우의 음파의 파장

먼저 확인 차원에서 음원이 정지해 있는 경우의 진동수를 생각해 보자.

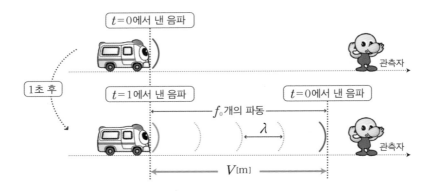

이 그림은 진동수 f_0의 소리를 내는 구급차가 정지한 경우를 나타낸 것이다. 위의 그림 $t=0$에서 낸 소리의 파면(파란 선)은, 그림 아래처럼 1초 동안에 V[m] 진행한다. 또 구급차는 진동수가 f_0[Hz]인 음파를 내고 있기 때문에 1초 동안에 낸 빨간 파면과 파란 파면 사이(V[m])에는 f_0개의 음파가 들어 있게 된다(진동수란 1초 동안 몇 개의 파동이 지나는지를 나타낸 것이다). 따라서 관측자가 듣는 음파의 파장(파면과 파면의 간격) λ는 다음과 같다.

$$\lambda = \frac{1초\ 동안에\ 낸\ 파동의\ 존재\ 범위}{1초\ 동안에\ 낸\ 파동의\ 수} = \frac{\boldsymbol{V}[m]}{\boldsymbol{f_0}[Hz]}$$

여기서 포인트는 1초 후의 그림을 그림으로써 속도는 '거리'가, 진동수는 '파동의 수'가 된다는 점이다.

▣ 음원이 다가오는 경우

구급차가 다가오는 경우의 진동수에 관해서 생각해 보자. 아래의 그림을 보자.

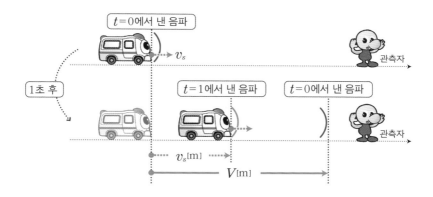

구급차가 진동수 f_0[Hz]의 음파를 내면서 일정한 속도 v_s[m/s]로 움직이고 있다. 위의 그림처럼 $t=0$일 때 낸 음파의 파면을 파란 선으로 나타냈다. 1초 후인 아래의 그림을 보면, 이 파란 파면은 처음에 구급차가 있던 장소에서 V[m]만큼 이동한다. 이때 구급차는 전방으로 v_s[m]만큼 이동해서 빨간 선으로 표시한 음파를 만들어내고 있다.

구급차가 1초 동안에 f_0개의 음파를 만들어낸다는 사실에는 변함이 없다. 따라서 다음 그림처럼 1초 동안 구급차가 낸 음파는 파란 선과 빨간 선 사이($V-v_s$)에 모두 포함될 것이다.

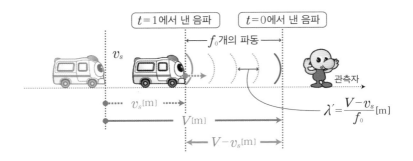

여기서 위의 그림과 같이 파동 1개의 길이 λ'를 음파가 포함된 범위 $(V-v_s)$의 음파의 개수 f_0으로 나누어서 구하면 다음과 같다.

$$\lambda = \frac{\text{1초 동안에 낸 파동의 존재 범위}}{\text{1초 동안에 낸 파동의 수}} = \frac{V-v_s}{f_0} \quad \cdots \text{식 ⓐ}$$

이것이 관측자의 귀를 통과하는 음파의 파장이다. 이 식을 보면 구급차가 다가오는 속도 v_s가 빠르면 빠를수록 분자는 작아지기 때문에 전방의 파장 λ'가 작아지는 것을 알 수 있다. 또 $v=f\lambda$이므로 v에 음속 V를, λ에 λ'를 대입하면 관측자가 듣는 진동수 f'는 다음과 같다.

$$f' = \frac{\overset{\text{음속 } V}{v}}{\underset{\text{식 ⓐ } \frac{V-v_s}{f_0}}{\lambda}} = \frac{V}{V-v_s}f_0$$

이것이 음원이 다가오는 경우의 도플러 효과의 공식이다. 이 식으로 알 수 있는 것은, 음원의 속도 v_s가 빠르면 빠를수록 분모$(V-v_s)$가 작아지기 때문에 관측자가 듣는 소리의 진동수 f'는 커져서 높은 소리로 들린다는 사실이다. 분명 구급차가 멀어질 때, '위용위용' 하고 높은 소리가 들리므로 일상의 감각과 일치할 것이다.

도플러 효과는 공식을 그대로 외우기보다는 그림을 그리면서 식을 만들 수 있는지가 중요하다.

⒝ 음원이 멀어지는 경우

이번에는 후방에서 관측하는 경우를 살펴보자. 아래 그림에서 $t=0$일 때 낸 파란 음파의 파면은 1초 동안에 V[m]만큼 이동한다. 1초 후에 구급차는 오른쪽으로 v_s[m]만큼 이동해 있다. 이때$(t=1)$에 낸 음파를 빨간색으로 나타냈다.

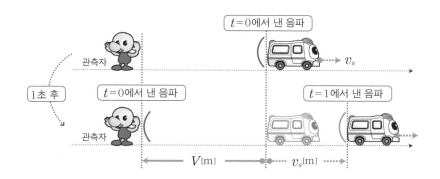

파란 파면과 빨간 파면 사이$(V+v_s)$에는 다음 그림에서 보이는 것처럼 음원에서 낸 f_0개의 음파가 포함되어 있을 것이다.

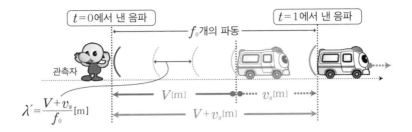

$$\lambda' = \frac{V + v_s}{f_0} [m]$$

이렇게 후방의 관측자에게 들리는 소리의 파장 λ'는 다음 식과 같다.

$$\lambda' = \frac{1\text{초 동안에 낸 파동의 존재 범위}}{1\text{초 동안에 낸 파동의 수}} = \frac{V + v_s}{f_0} \quad \text{...식 ⑧}$$

이 식을 보면 구급차의 속도 v_s가 빠르면 빠를수록 분자가 커지기 때문에 파장 λ'도 커지는 것을 알 수 있다.

이번에는 관측자가 듣는 소리의 진동수 f'를 구해 보자. $v = f\lambda$이므로 v에 음속 V를, λ에 관측자가 듣는 음파의 파장 λ'를 대입하면 다음과 같다.

음속 V

식 ⑧ $\dfrac{V + v_s}{f_0}$

$$f' = \frac{v}{\lambda} = \frac{V}{V + v_s} f_0$$

이 식을 보면 구급차가 멀어지는 속도 v_s가 빠르면 빠를수록 분모가 커지기 때문에 진동수가 작아져서 낮은 소리가 들리게 된다. 확실히 구급차가 멀어질 때에는 '비보비보' 하고 낮은 소리가 들렸을 것이다.

도플러 효과는 관측자가 움직여도 일어난다

지금까지 구급차가 다가올 때나 멀어질 때, 소리의 고저가 변화하는 것을 수식으로 나타내 보았다. 그런데 구급차가 정지해 있어도 관측자가 움직이면 높은 소리를 듣거나 낮은 소리를 듣는다.

예를 들어 내가 정지해 있는 구급차를 향해 달릴 때에는 높은 소리가 들리지만, 구급차를 추월하면 이번에는 낮은 소리가 들린다. 음원인 구급차는 움직이지 않았는데, 왜 이런 일이 생기는 것일까?

이번에는 음원과 관측자가 모두 정지해 있는 경우의 파장 λ와 진동수 f_0의 관계를, 관측자의 시점에서 다시 한 번 생각해 보자.

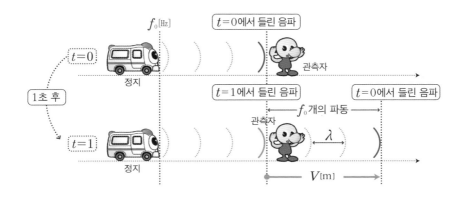

위 그림은 관측자가 소리를 들은 순간을 시간 0으로 하고, $t=0$일 때 도달한 음파를 파란 파면으로 나타낸 것이다. 1초 후, 아래의 그림처럼 파란 파면은 V[m]만큼 이동했다. 또 $t=1$인 순간에 관측자에게 도달한 음파를 빨간 파면으로 나타냈다. 이때 도플러 효과를 일으키지 않기 때문에, 관측자는 구급차가 낸 소리 f_0과 동일한 소리를 듣는다. 따라서 파란색 파면과 빨간색 파면 사이의 V[m]에는 f_0개의 파면이 포함된다. $v=f\lambda$이므로 음파의 파장은 다음과 같이 나타낼 수 있다.

$$\lambda = \frac{V}{f_0}$$ ···식 ①

c 관측자가 음원으로 다가가는 경우

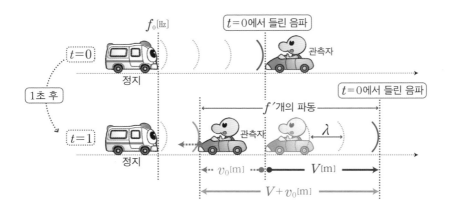

이번에는 관측자가 정지해 있는 구급차를 향해 다가갈 때를 생각해 보자. 이때 관측자는 높은 소리, 즉 진동수가 큰 소리가 들릴 것이다. 왼쪽 그림을 살펴보자.

관측자가 음파를 향해 움직이기 때문에 정지해 있을 때에 비해서 더 많은 음파가 관측자의 귀를 통과하고 있다. $t=0$일 때 관측자에게 들리는 음파를 파란색으로 표시했다. 1초 후에 음파는 아래 그림처럼 V[m]만큼 오른쪽으로 이동하고, 관측자는 v_0[m] 왼쪽으로 이동했다. $t=1$인 순간에 관측자가 들은 음파를 빨간색으로 표시했다. 1초 후에 관측자가 듣는 음파의 수 f'는 관측자의 귀를 통과한 음파, 즉 $V+v_0$[m] 사이에 들어가는 음파의 수를 구하면 된다. 1개의 음파의 길이를 λ라고 했을 때 음파의 수는 다음과 같다.

$$f' = \frac{V+v_0}{\lambda} \qquad \cdots \text{식 ⓒ}$$

여기서 중요한 것은 관측자가 움직여도 음파의 파장 자체는 변화하지 않는다는 사실이다. 따라서 식 ①에서 음파의 파장 λ를 식 ⓒ에 대입하면 다음과 같다.

$$f' = \frac{V+v_0}{\lambda} = \frac{V+v_0}{V} f_0$$

$$\underset{\text{식 ①}}{\frac{V}{f_0}}$$

이 식을 잘 보면 관측자가 다가가는 속도 v_0이 커지면 커질수록 분자도 커지기 때문에 관측자가 듣는 f'가 커지는, 즉 높은 소리가 들리는 것을 알 수 있다. 이처럼 관측자가 움직이는 경우에도 도플러 효과는 일어난다.

🄳 관측자가 음원에서 멀어지는 경우

이번에는 관측자가 음원에서 멀어지는 경우를 생각해 보자. 다음 그림은 관측자가 속도 v_0로 음원에서 떨어질 때 음파의 모습을 나타낸 것이다.

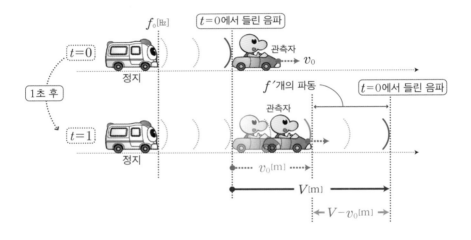

정지해 있을 때 귀를 통과했을 음파의 일부는, 관측자가 음원에서 멀어짐으로써 귀까지 도달하지 않게 된다. 따라서 1초 동안에 관측자의 귀를 통과하는 음파는 위의 그림처럼 $t=0$에서 관측자에게 도달한 파란 음파가, 아래의 그림처럼 1초 동안에 진행하는 거리 V[m]에서 $t=1$인 순간에 관측자에게 도달한 빨간색 음파 사이인 $V-v_0$[m]으로 한정된다. 이렇게 해서 1초 동안에 귀를 통과한 파동의 수 f'는 $V-v_0$을 음파의 파장 λ로 나누어서 구할 수 있다.

$$f' = \frac{V-v_0}{\lambda} \qquad \cdots 식 ①$$

이번 경우에도 관측자가 움직이고 있을 뿐 구급차가 내는 음파의 파장 λ는 변화하지 않기 때문에 118쪽의 식 ①에서 λ를 대입하면 다음과 같다.

$$f' = \frac{V-v_0}{\lambda} = \frac{V-v_0}{V} f_0$$

$$\frac{V}{f_0} \quad 식 ①$$

이 식을 보면 관측자가 멀어지는 속도 v_0이 커지면 커질수록 분자가 작아지기 때문에 관측자가 듣는 진동수 f'도 작아져서 낮은 소리가 들리는 것을 알 수 있다. 이렇게 해서 멀어지는 경우의 도플러 효과도 구했다.

● 도플러 효과 정리

• 음원이 다가온다·멀어진다 ➡ 음파의 파장 자체가 변화한다.

• 관측자가 다가간다·멀어진다 ➡ 관측자의 귀를 통과하는
음파의 수가 변화한다.

* 음파의 파장은 변화하지 않는다.

또 외워둘 필요는 없지만 도플러 효과의 공식을 정리해 둔다.

● 도플러 효과의 공식 정리

Ⓐ 음원이 v_s로 다가온다 ➡ $f' = \dfrac{V}{V - v_s} f_0$

Ⓑ 음원이 v_s로 멀어진다 ➡ $f' = \dfrac{V}{V + v_s} f_0$

Ⓒ 관측자가 v_0로 다가간다 ➡ $f' = \dfrac{V + v_0}{V} f_0$

Ⓓ 관측자가 v_0로 멀어진다 ➡ $f' = \dfrac{V - v_0}{V} f_0$

구급차와 관측자가 모두 움직이는 경우

이렇게 해서 Ⓐ~Ⓓ 네 가지 유형의 도플러 효과의 공식을 유도해 냈다. 그런데 음원과 관측자가 모두 움직이면 어떻게 될까?

🗨 "뭐? 양쪽 다 움직여!? 어려운데…."

네 가지 유형의 도플러 효과를 만든 방법을 조합해서 생각해 보자.

음원과 관측자가 서로 다가가는 경우

아래의 그림처럼 구급차가 관측자를 향해서 속도 v_s로 다가오고, 관측자가 구급차를 향해서 속도 v_0로 다가가는 경우에 관측자에게 들리는 진동수 f'를 구해 보자.

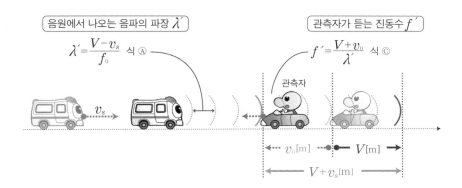

음원에서 나오는 음파의 파장 λ'

$$\lambda' = \frac{V - v_s}{f_0} \text{ 식 Ⓐ}$$

관측자가 듣는 진동수 f'

$$f' = \frac{V + v_0}{\lambda'} \text{ 식 Ⓒ}$$

관측자

$v_0[\text{m}]$　　$V[\text{m}]$

$V + v_s[\text{m}]$

음원이 속도 v_s로 다가가고 있으므로 음파 자체의 파장 λ'는 정지해 있을 때의 파장보다 작아진다. 이때 파장 λ'는 'Ⓐ 음파가 다가오는 경우'를 참조하면 다음과 같다.

$$\lambda' = \frac{V - v_s}{f_0} \qquad \text{…식 Ⓐ (114쪽 참조)}$$

관측자에게는 이 λ'의 음파가 도달한다.

또 'ⓒ 관측자가 음원으로 다가오는 경우'를 참고하면 관측자의 귀를 통과하는 음파의 파장 λ'를 이용해서 다음과 같은 진동수 f'가 들리게 된다.

$$f' = \frac{V + v_0}{\lambda'} \qquad \text{…식 ⓒ (119쪽 참조)}$$

식 Ⓐ의 λ'를 식 ⓒ에 대입하면 최종적으로 관측자가 듣는 진동수 f'는 다음과 같다.

$$f' = \frac{V + v_0}{\lambda'} = \frac{V + v_0}{V - v_s} f_0$$

$$\underset{\text{식 Ⓐ}}{\frac{V - v_s}{f_0}}$$

식을 보면 구급차가 다가오는 속도 v_s가 커지면 커질수록 분모는 작아지고 진동수 f'는 커진다. 또 관측자가 다가오는 속도 v_0이 커지면 커질수록 분자 또한 커지고 진동수 f'도 커진다. 여기에서 v_0과 v_s 중 어느 쪽이 커지든 진동수 f'는 커지기 때문에 서로 다가가면 더욱 큰 소리가 들린다.

음원과 관측자가 서로 멀어지는 경우

계속해서 구급차의 속도가 v_s이고 관측자의 속도가 v_0일 때, 양측이 서로 멀어지는 경우에 대해서 같은 방법으로 구해 보자.

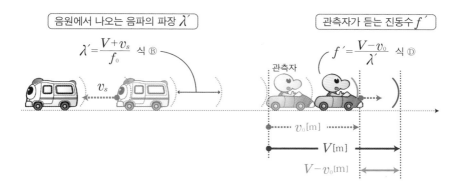

음원에서 나오는 음파의 파장 λ'

$$\lambda' = \frac{V + v_s}{f_0} \quad \text{식 ⑧}$$

v_s

관측자가 듣는 진동수 f'

$$f' = \frac{V - v_0}{\lambda'} \quad \text{식 ⑩}$$

관측자

$v_0[\text{m}]$

$V[\text{m}]$

$V - v_0[\text{m}]$

음원이 속도 v_s로 멀어지기 때문에 음파의 파장은 커진다. 이때의 파장 λ'는 '⑧ 음원이 멀어지는 경우'를 참고하면 다음과 같다.

$$\lambda' = \frac{V + v_s}{f_0} \qquad \cdots \text{식 ⑧ (116쪽 참조)}$$

관측자에게는 이 λ' 의 파장이 도달한다.

또 관측자가 듣는 진동수 f'은, 관측자가 음원에서 멀어지기 때문에 관측자의 귀를 통과하는 음파는 통상보다 적어진다. 음파의 파장을 λ'라고 하고, '⑩ 관측자가 음원에서 멀어지는 경우'를 참고하면 다음과 같다.

$$f' = \frac{V - v_0}{\lambda'} \qquad \cdots \text{식 } \textcircled{D} \text{ (121쪽 참조)}$$

식 ⑧의 λ'를 식 ⑩에 대입하면, 관측자가 듣는 진동수 f'는 다음과 같다.

$$f' = \frac{V - v_0}{\lambda'} = \frac{V - v_0}{V + v_s} f_0$$

$$\underset{\text{식 } \textcircled{E}}{\frac{V + v_s}{f_0}}$$

이 식을 보면 구급차가 멀어지는 속도 v_s가 빠르면 빠를수록 분모는 커지고 진동수 f'는 작아진다. 또 관측자가 멀어지는 속도 v_0이 빠르면 빠를수록 분자는 작아지고 진동수 f'도 작아진다. 이것을 보면 서로 멀어지는 경우에는 진동수가 더욱 작아져서 낮은 소리가 들리는 것을 알 수 있다.

이제 여러분도 다양한 유형의 도플러 효과 공식을 만들 수 있을 것이다.

도플러 효과 1·2·3

조금 어려운 얘기였지만 따라올 수 있었는지? 지금까지 소개한 공식의 유도 순서를 잘 이해해야 한다. 하지만 시험에서는 도플러 효과의 공식을 이용해서 푸는 문제가 많이 출제된다.

도플러 효과의 공식을 이용해서 푸는 문제라면, 다음의 STEP 1·2·3 해법을 이용해서 누구나 간단히 공식을 만들 수 있다.

도플러 효과 1·2·3

① 음원에 입술(👄)을, 관측자에 귀(👂)를 그린다.

② 👄에서 👂를 향해 음속 V의 노래를 부른다.

③ $f' = \dfrac{👂}{👄} f_0$에 대입

(대입하는 장소를 틀리지 않도록, 입이 귀보다 아래에 있다는 것을 기억해두자.)

👄 "입술!? 귀!?"

실제로 연습 문제를 통해서 3스텝으로 공식을 만들어 보자.

구급차가 진동수 f_0의 소리를 내면서 속도 v_s로 다가왔다. 이때 관측자가 듣는 소리의 진동수 f'을 구하시오. 단 음속은 V이다.

❶ 음원에 입술 (👄)을, 관측자에 귀(👂)를 그린다.

먼저 아래의 그림과 같이 문제를 보면서 그려 보자. 음원인 구급차 밑에 입술을, 관측자인 사람 밑에 귀를 그린다.

❷ 👄 에서 👂를 향해 음속 V의 노래를 부른다.

입술이 노래 부르기 시작했다! 다음 그림과 같이 음원과 관측자 양쪽에, 입술에서 귀 쪽으로 음속 V를 긋는다.

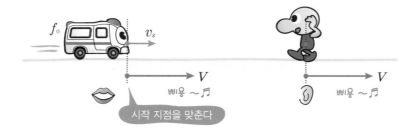

시작 지점을 맞춘다

음속 V의 시작 지점은 음원이나 관측자의 속도의 시작 지점에 맞춰서 긋는 것이 포인트이다. 또 음속 V는 340m/s로 매우 빠르기 때문에 음원이나 관측자의 속도 화살표보다 반드시 길게 그려야 한다.

❸ $f' = \dfrac{👂}{👄} f_0$ 에 대입

👄 (음원)과 👂(관측자)에 대해서 각각 속도 화살표와 음속 V 화살표의 '길이의 차이'를 그림에서 파악하여 $\dfrac{👂}{👄} f_0$ 에 대입한다.

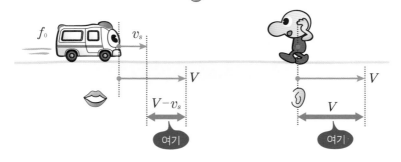

화살표의 길이 차이를 보면 위의 그림과 같이 👄 는 $V-v_s$가 되고, 👂 는 V가 된다. 이 길이를 $\dfrac{👂}{👄}$ 에 대입하면 다음과 같다.

$$f' = \frac{👂}{👄} f_0 \quad \Rightarrow \quad f' = \frac{V}{V-v_s} f_0$$

이렇게 해서 완성! 114쪽의 'Ⓐ 음원이 다가오는 경우'에서 구한 공식과 비교해 보자. 같은 식이 될 것이다. 사람의 입은 누구나 귀보다 아래쪽에 있으니 대입 장소를 틀리는 일은 없을 것이다. 한 문제만 더 풀어보자.

구급차가 f_0의 소리를 내면서 속도 v_s로 왼쪽을 향해, 관측자는 속도 v_s로 오른쪽을 향해 움직이고 있다. 이때 관측자가 듣는 소리의 진동수 f'는 얼마인가? 단 음속은 V이다.

연습 문제 **2** 해답과 풀이   exercise

❶ 음원에 입술(👄)을, 관측자에 귀(👂)를 그린다.

그림을 그리고 구급차(음원) 밑에 입술, 사람(관측자) 밑에 귀를 그린다.

❷ 👄 에서 👂를 향해 음속 V의 노래를 부른다.

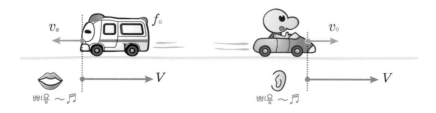

음속 V는 반드시 음원과 관측자가 있는 곳에 1개씩 써 넣는다. 이때 음속 V의 시작 지점은 음원이나 관측자의 속도 화살표의 시작 지점과 일치해야 한다는 것을 잊어서는 안 된다.

❸ $f' = \dfrac{\text{👂}}{\text{👄}} f_0$에 대입

화살표 길이의 차이를 보면 위의 그림과 같이 👄 은 $V+v_s$, 👂는 $V-v_0$이 된다. 이것을 대입하면 다음과 같다.

$$f' = \dfrac{\text{👂}}{\text{👄}} f_0 \quad \Rightarrow \quad f' = \dfrac{V-v_0}{V+v_s} f_0$$

$V-v_0$ ⟶ 👂
$V+v_s$ ⟶ 👄

이렇게 해서 완성. 126쪽의 '음원과 관측자가 서로 멀어지는 경우'일 때 구한 식과 비교해 보자. 같은 식이 되는 것을 알 수 있다.

이처럼 '도플러 효과 1·2·3'을 이용해 그림을 그리면서 생각하면 누구나 쉽게 도플러 효과의 공식을 만들 수 있다.

도플러 효과의 응용 편

도플러 효과의 문제에서는 응용 편으로, 세 가지 유형의 문제가 출제된다.

> **A** 벽이 있는 경우
> **B** 경사에서 음원이 다가오는 경우
> **C** 바람이 부는 경우

이 문제들은 어떻게 풀어야 할까? 순서대로 살펴보자.

A 벽이 있는 경우

연습 문제 **3**   exercise

아래의 그림에서 구급차가 진동수 f_0의 소리를 내면서 오른쪽을 향해 속도 v_s로, 트럭은 속도 v_t로 구급차를 향해 왼쪽으로 움직이고 있다. 그리고 관측자는 구급차와 트럭 사이에 서 있다.

삐뽀

f_0

직접음   반사음

v_s v_t

왼쪽   오른쪽

관측자에게는 '구급차에서 직접적으로 들려오는 직접음 f직접'
과 '구급차에서 나는 소리가 트럭 앞면에 반사된 후 들리는 반
사음 f반사' 두 가지 소리가 동시에 들린다. 이때 반사음의 진동
수 f반사를 구하시오. 단 음속은 V이고, V는 v_s나 v_t에 비해 충분
히 크다.

이 문제처럼 벽(이 문제에서는 트럭)에서 오는 반사음을 생각하는 문제도
자주 출제된다.

직접음 f직접은 지금까지 하던 방법으로 구할 수 있다. 'Ⓐ 음원이 다가오
는 경우'를 참조)

$$f \text{직접} = \frac{V_0}{V - v_s} f_0 \qquad \text{···식 ①}$$

반사음 f반사는 구급차의 소리가 움직이는 트럭의 전면(이제부터는 '벽'이
라고 표기한다)에 반사한 후에 관측자에게 도달한다. 이런 경우에는 어떻
게 풀어야 할까?

도플러 효과를 2단계로 나누어 구해 보자. 이름하야 '벽에 귀 있고, 벽에
입 있는 해법'이다.

스텝 ❶ **벽에 귀 있고**

먼저 벽이 듣는 진동수를 구해 보자. 당신이 벽(트럭)이 되었다고 가정하고, 구급차에는 👄을, 벽에는 👂를 그린다.

'도플러 효과 1·2·3'에 따라 벽이 듣는 진동수 $f_{벽}$은,

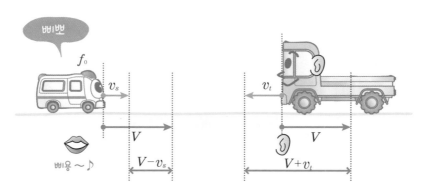

$$f_{벽} = \frac{V + v_t}{V - v_s} f_0 \qquad \cdots 식 ②$$

가 된다('음원과 관측자가 서로 다가가는 경우'를 참조).

이번에는 벽에 반사된 음파 f 벽을 관측자가 듣는다. 벽에는 👄을, 관측자에
는 👂를 그린다.

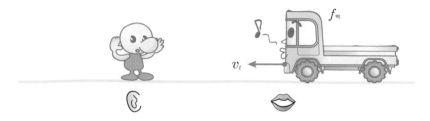

'도플러 효과 1·2·3'에 따라 관측자가 듣는 소리의 진동수 f반사는 다음
과 같다.

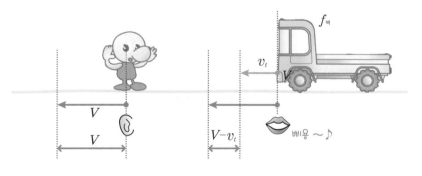

$$f_{반사} = \frac{V}{V - v_t} f_{벽} \qquad \cdots 식 ③$$

식 ②의 f 벽을 식 ③에 대입하면, 관측자가 듣는 반사음의 진동수 f 반사
는 다음과 같다.

$$f_{반사} = \frac{V}{V - v_t} \overbrace{\frac{V + v_t}{V - v_s} f_0}^{f_{벽}} \quad \cdots 식 \ ④$$

길지만 이것이 정확한 풀이이다! 이렇게 벽이 있는 경우에는 스텝1에서 벽이 듣는 소리를 구하고, 스텝2에서 들은 소리를 벽이 말한다고 가정하고, 2단계로 나누어서 반사음을 구하면 된다.

맥놀이

여기서 벽의 반사와 세트로 자주 출제되는 '맥놀이'를 소개한다. 맥놀이란 진동수가 약간 다른 2개의 소리를 동시에 들을 때 소리가 커지거나 작아져서 '웅웅' 하고 들리는 현상을 말한다.

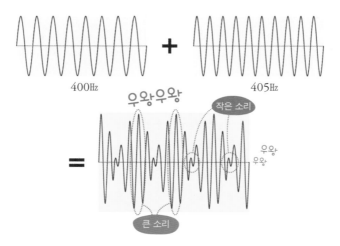

진동수 400Hz의 소리와 진동수가 약간 다른 405Hz의 소리를 더하면, 음파끼리 조금씩 어긋나면서 더해진다. 큰 진폭으로 진동하는 곳(소리가 커지는 곳)과 작은 진폭으로 진동하는 곳(소리가 작아지는 곳)이 일정한 간격으로 연속적으로 나타난다.

따라서 귀에는 '우왕우왕' 하는 큰 소리와 작은 소리가 번갈아 들린다. 이 현상을 '맥놀이'라고 한다. 맥놀이가 1초 동안 몇 번 일어나는지는 두 소리의 진동수 차이로 구할 수 있다.

$$\boxed{\text{공식}} \qquad \text{맥놀이} = f_\text{대} - f_\text{소}$$

지금의 경우에는 다음과 같다.

$$405 - 400 = 5$$

즉 1초 동안에 5회의 맥놀이가 들린 것이다. 벽에서 오는 반사음을 듣는 경우, 직접음과 반사음에는 도플러 효과가 일어나 진동수가 조금씩 어긋난다. 따라서 관측자는 직접음과 반사음 사이에서 '맥놀이'를 듣는다. 횟수는 맥놀이의 공식에 따라 다음과 같다.

$$\text{맥놀이} = f_\text{반사} - f_\text{직접}$$
$$(\text{식 ④}) \quad (\text{식 ①})$$

B 경사에서 음원이 다가오는 경우

비행기가 다음 그림처럼 진동수 f_0의 소리를 내면서 속도 v_s로 관측자가 올려다보는 각도 θ의 장소를 날고 있다고 가정하자. 이렇게 비스듬한 방향에서 다가오는 경우에 도플러 효과는 어떻게 되는 것일까?

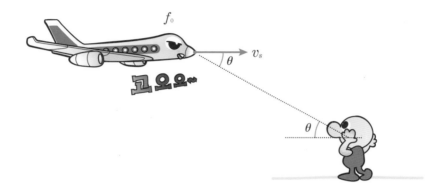

도플러 효과는 음원이 관측자를 향해 다가오는 속도나 멀어지는 속도의 성분과 관계되어 있다. 따라서 비행기의 속도를 '관측자를 향해 다가오는 성분'과 '그 밖의 성분'으로 나누어 생각해야 한다.

아래 그림처럼 속도 v_s를 관측자에게 다가오는 속도 $v_s \cos\theta$와 관측자와는 관계없는 방향으로 진행하는 속도 $v_s \sin\theta$, 이렇게 두 가지로 분해한다.

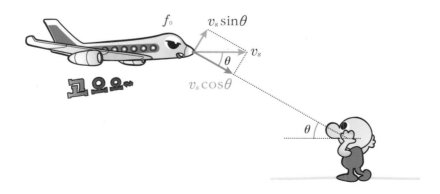

이 $v_s \cos\theta$라는 속도가 도플러 효과와 관계있는 속도 성분이다. '도 플러 효과 1·2·3'으로 관측자가 듣는 진동수 f'를 구하면 다음과 같다.

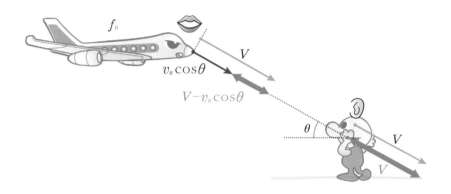

$$f' = \frac{V}{V - v_s \cos\theta} f_0$$

이처럼 경사 방향에서 음원이 다가오는 경우에는 음원과 관측자를 직선으로 연결하고, 도플러 효과와 관계있는 속도 성분을 꺼낸 후에 '도플러 효과 1·2·3'을 사용한다.

ⓒ 바람이 부는 경우

바람이 부는 상황에서 도플러 효과를 생각해야 하는 문제도 있다. 바람이 불지 않는 경우에는 지금까지 하던 대로 소리는 일정한 속도 V(약 340m/s)로 전달된다.

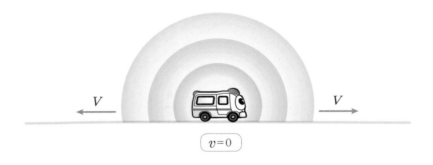

소리의 매질은 공기 입자이고, 바람은 '공기 입자 전체의 움직임'이다. 즉 바람이 불면 소리를 전달하는 공기 입자가 전체적으로 움직이므로 음속에 영향을 미친다. 예를 들어 아래의 그림처럼 바람이 오른쪽 방향으로 ω(오메가)의 속도로 부는 경우를 생각해 보자.

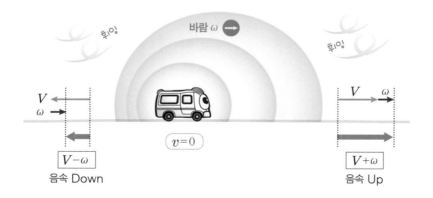

오른쪽에서는 바람이 오른쪽을 향해 진행하는 음파 V를 돕기 때문에 음속이 $V+\omega$로 빨라진다. 또 왼쪽에서는 바람이 왼쪽을 향해 진행하는 음파 V를 방해하기 때문에, 음속은 $V-\omega$로 느려진다. 이와 같이 바람은 음속을 변화시킨다.

이것을 숙지하고, '바람을 고려한 경우의 도플러 효과'에 대해서 알아 보자. 아래의 그림처럼 바람이 오른쪽으로 불고 있는 상황에서 구급차가 속도 v_s로 관측자를 향해 다가오는 경우, '도플러 효과 1·2·3'의 스텝 2에서 음속 화살표를 그릴 때에 음속은 '$V+\omega$'이다. 이것은 바람의 방향과 음파의 방향이 같은 방향을 향하기 때문이다.

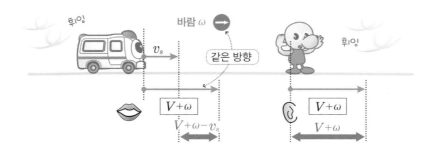

따라서 이 경우의 도플러 효과는 다음과 같다.

$$f' = \frac{\boxed{V+\omega}}{\boxed{V+\omega} - v_s} f_0$$

반대로 바람이 왼쪽으로 부는 경우에는 그림처럼 음속은 '$V-\omega$'가 된다.

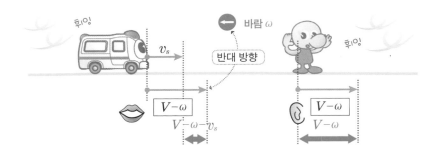

이와 같이 바람이 부는 경우에는 바람의 방향과 음파의 방향을 보고, 바람의 효과를 음속에 미리 더하고 뺀 후에 도플러 효과의 식을 만들어야 한다. 그럼 이제 문제에 도전해 보자.

예제 문제 3

도플러 효과 ①

그림과 같이 구급차가 진동수 f_0의 사이렌을 울리면서 직선상을 속도 v로 진행하고 있다. 직선상의 점 A에 있는 관측자가 듣는 사이렌의 진동수는 구급차가 다가오는 경우와 멀어지는 경우가 각각 다르다. 단 음속은 V이고, 바람은 불지 않는 것으로 가정한다.

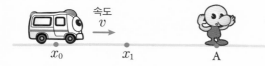

문제 1 시간 0일 때 위치 x_0을 통과한 구급차는 시간 t일 때 위치 x_1에 도달했다. x_0에서 낸 음파의 시간 t의 파면을 지표면에 그린 것으로 가장 적절한 것을 다음 ①~④ 중에서 하나 고르시오.

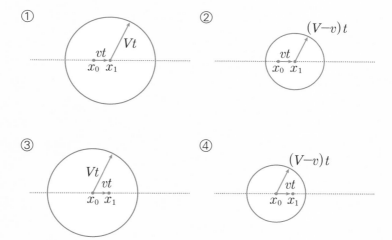

문제 2 구급차가 다가오는 경우에 점 A의 관측자가 듣는 사이렌의 진동수를 f_1, 멀어지는 경우의 진동수를 f_2라고 한다. 진동수는 얼마인가? 바른 것을 다음 ①~④ 중에서 하나 고르시오.

① $\dfrac{V^2+v^2}{V^2-v^2}$ ② $\dfrac{V+v}{V}$ ③ $\dfrac{V+v}{V-v}$ ④ $\dfrac{V}{V-v}$

해답 1 문제의 'x_0에서 낸 음파'라는 부분에 선을 긋는다. 소리는 수면에 돌을 던진 경우와 마찬가지로, 음파가 시작된 장소(음원)를 중심으로 원형으로 퍼진다. 구급차의 움직임과 음속은 관계가 없다. 따라서 x_0에서 낸 음파는 다음 그림처럼 x_0을 중심으로 t초 후에 반지름 Vt까지 퍼질 것이다. 또 그 사이에도 구급차는 vt만큼 움직이므로 답은 ③이다.

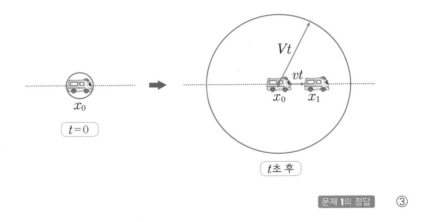

문제 **1**의 정답   ③

해답 2 구급차가 다가오는 경우에 들리는 소리의 진동수 f_1은 '도플러 효과 $1 \cdot 2 \cdot 3$'에 따라 다음과 같다.

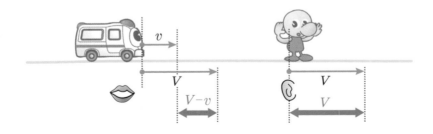

$$f_1 = \frac{V}{V-v} f_0 \qquad \cdots 식 ①$$

마찬가지로 멀어지는 경우에 들리는 진동수 f_2는 '도플러 효과 1·2·3'에 따라 다음과 같다.

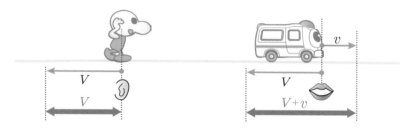

$$f_2 = \frac{V}{V+v} f_0 \qquad \cdots 식 ②$$

따라서 식 ① · 식 ②에 의해서 $\dfrac{f_1}{f_2}$은 다음과 같다.

$$\frac{f_1}{f_2} = \frac{V+v}{V-v} \qquad \cdots 식 ③$$

문제 **2**의 정답   ③

'도플러 효과 1·2·3'을 이용하면 이렇게나 간단하다. 도플러 효과의 문제를 하나 더 풀어보자.

도플러 효과 ②

정지되어 있는 연직의 벽을 향해 속도 v로 진행하는 음원이 있다. 그 음원은 진동수 f의 음파를 앞뒤로 내고 있다. 음속은 V이다.

문제 1 벽에 도달하는 음파의 파장은 얼마인가? 다음의 ①~⑥ 중에서 올바른 답을 하나 고르시오.

① $\dfrac{V}{f}$ ② $\dfrac{V+v}{f}$ ③ $\dfrac{V-v}{f}$

④ $\dfrac{V}{2f}$ ⑤ $\dfrac{V+v}{2f}$ ⑥ $\dfrac{V-v}{2f}$

문제 2 $v=6\text{m/s}$, $f=200\text{Hz}$, $V=336\text{m/s}$일 때, 음원의 뒤쪽에 서 있는 관측자에게 벽에 반사되어 도달하는 음파의 진동수는 얼마인가? 다음의 ①~⑤ 중 가장 적당한 것을 고르시오.

① 192   ② 196   ③ 200   ④ 204   ⑤ 208

문제 3 v, f, V의 값은 **문제 2**와 같다. 관측자는 벽에서 반사되어 오는 음파와 음원에서 직접 도달하는 음파가 겹쳐서 맥놀이가 생기는 것을 들었다. 1초당 맥놀이의 횟수는 얼마인가? 다음 ①~⑤ 중 가장 적당한 것을 고르시오.

① 2   ② 4   ③ 7   ④ 10   ⑤ 12

해답1 먼저 그림을 그려 이미지화해 보자.

벽에 도달하는 음파의 파장 λ'란, 벽을 관측자로 생각했을 때 벽에 도달하는 파장이다. 벽에 귀를 그려 벽이 되어보자. 벽에 도달하는 음파의 진동수 $f_{벽}$은 '도플러 효과 1·2·3'에 따라 다음과 같다.

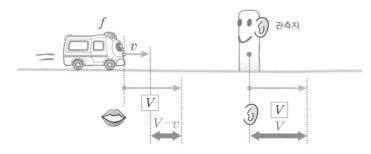

$$f_{벽} = \frac{V}{V-v} f \qquad \cdots 식 ①$$

벽이 듣는 음파의 파장 λ'는 $v=f\lambda$이므로 속도에 음속 V를, 진동수에 식 ①의 $f_{벽}$을 대입하면 다음과 같다.

$$\overset{V}{\underset{}{v}} = f \overset{f_{벽}=\frac{V}{V-v}f \quad 식①}{\lambda'}$$

λ'를 구하면,

$$\lambda' = \frac{V-v}{f}$$

이처럼 '도플러 효과 1·2·3'을 이용해서 문제를 푸는 경우에는 관측자가 듣는 진동수를 구한 후에 $v = f\lambda$에 대입해서 파장을 구하면 된다.

문제 1의 정답 ③

해답 2 먼저 그림을 그려 이미지화해 보자.

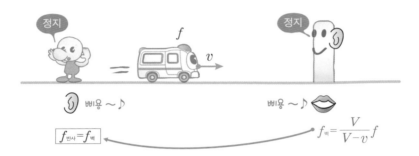

문제 1에서 벽이 들은 소리의 진동수 $f_벽$은 반사되어 관측자까지 도달한다. 이때 음원인 벽도, 관측자도 움직이지 않기 때문에 도플러 효과는 발생하지 않고, 벽이 들은 진동수 $f_벽$이 관측자에게 그대로 들린다. 따라서 문제에 주어진 수식을 식 ①에 대입하면 다음과 같다.

$$f_{반사} = f_벽 = \frac{V}{V-v} f = \frac{336}{336-6} \times 200 = 203.6$$

선택지 중에서 203.6Hz에 가장 가까운 답은 204Hz인 ④번!

문제 2의 정답 ④

해답 3 관측자가 듣는 소리는 벽에서 튕겨 나온 반사음과, 직접 귀에 들어오는 직접음이다. 반사음은 **문제2**에서 구했으니 직접음 $f_{직접}$을 구해 보자. '도플러 효과 1·2·3'을 이용해 관측자에 👂를, 음원에 👄을 그려서 구하면 다음과 같다.

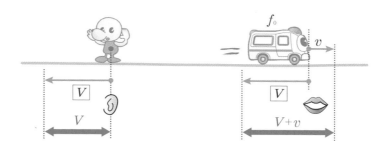

수식을 대입하면,

$$f_{직접} = \frac{V}{V+v} f_0$$

$$f_{직접} = \frac{336}{336+6} \times 200 = 196.4$$

맥놀이의 횟수는 직접음과 반사음의 진동수의 차이를 구하면 되므로, 진동수가 큰 반사음에서 작은 직접음을 빼면 된다.

$$맥놀이 = f_{반사} - f_{직접} = 7.2$$

가장 적절한 답은 ③번이 된다.

문제 **3**의 정답　③

• 도플러 효과에서 출제되는 문제는 다음 두 가지 •

① 도플러 효과의 식을 유도하는 문제 (111쪽부터의 유도 방법을 확인하고, '푸는 방법'을 이해한다.)

② 도플러 효과의 식을 이용하는 문제 ('도플러 효과 1 · 2 · 3'을 이용해서 푼다)

• 도플러 효과 1 · 2 · 3 •

① 음원에 입술(👄)을, 관측자에 귀(👂)를 그린다.

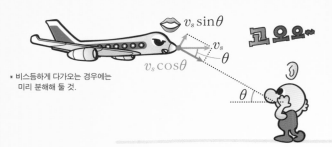

* 비스듬하게 다가오는 경우에는 미리 분해해 둘 것.

② 👄에서 👂를 향해
음속 V의 노래를 부른다.

* 바람이 부는 경우에는 바람의 효과를 생각할 것.

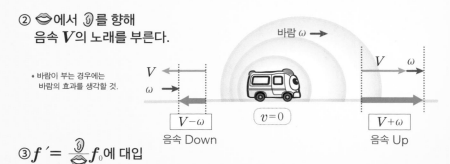

③ $f' = \dfrac{👂}{👄} f_0$에 대입

4교시

반짝반짝 빛나는
빛의 간섭

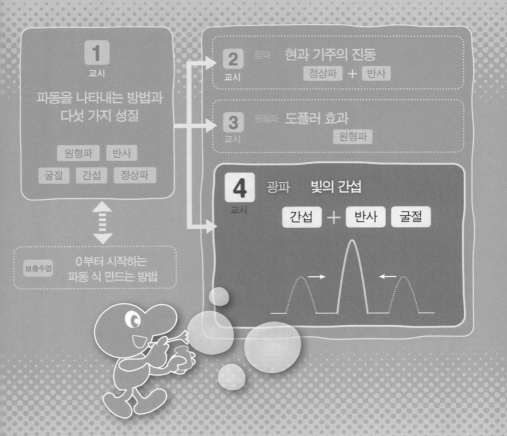

들어가며

비눗방울은 반짝반짝 무지개
색으로 빛나지만, 정작 비눗물
은 투명하고 색깔이 없다. 투명
한 액체로 만든 비눗방울이 반
짝거리는 이유는 빛이 파동의
성질을 갖고 있기 때문이다. 이
현상은 빛의 성질④ '간섭'과
깊은 관계가 있다. 이 시간에는
빛의 파동으로서의 성질에 관해서 배우도록 한다.

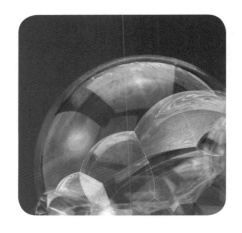

빛의 기초 지식

당연한 얘기지만, 빛은 전자파라는 횡파이다. 빛은 1초에 30만 km(1초에
지구 7.5바퀴!)라는 엄청난 속도로 움직이며 결코 멈추는 법도 없다. 신기
하지 않은가!?

빛은 '파동의 성질'을 갖고 있다. 그런데 빛이 파동이라면 빛을 전달하
는 매질은 무엇일까? 빛은 우주공간처럼 거의 아무것도 없는 진공에 가
까운 상태에서도 전달된다. 태양에서 나온 빛은 진공을 지나 지구에까지
도달한다. 거의 아무것도 없는데도 전달되는 파동…. 그렇다. 빛의 매질

은 사실 공간 자체이다.

우리가 볼 수 있는 빛은 '전자파'라는 파동의 일부분에 불과하다. 아래의 그림은 전자파의 파장과 색깔의 관계를 나타낸 것이다. 파장이 400~700㎚인 전자파를 가시광선이라고 하는데, 이 가시광선은 우리의 뇌가 색깔을 느끼는 영역이다.

전자파의 파장과 색깔

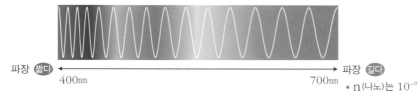

파장 짧다 ←————————————————————→ 파장 길다
　400㎚　　　　　　　　　　　　　　　　700㎚　* n(나노)는 10⁻⁹

이 파장보다 크거나 작은 전자파도 존재하지만 육안으로는 볼 수 없다. 또 인간과는 다른 영역을 볼 수 있는 동물도 있다.

여기서 기억해야 할 것은 위의 그림처럼 빛의 파장이 짧은 쪽부터 순서대로 보라색, 남색, 청색, 녹색, 노란색, 주황색, 빨간색 등 무지개 색으로 배열된다는 사실이다. 이 순서는 기억해 두자. 또 여기에 흰색이나 검은색이 없다는 사실을 눈치챘는가? 흰색은 복수의 색깔이 섞여 있을 때 만들어지기 때문이다.

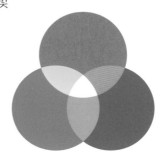

예를 들어 하얗게 보이는 태양광이나 형광등 같은 빛은 다양한 파장(색깔)의 전자파가 섞여 있다.

우리의 눈은 태양광이 물체에 닿거나 그 물체에서 반사된 빛을 받아들이고, 뇌가 그 형태나 색깔을 감지하는 시스템이다. 예를 들어 노란색으로 보이는 물체는 태양광이 물체에 닿으면 물체는 아래의 그림처럼 노란색 빛 이외의 색깔은 흡수하고, 노란색의 빛만을 반사한다.

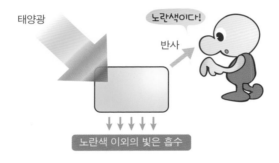

또 반사광이 없을 때 우리는 검은색을 감지한다. 검게 보이는 것은 모든 색깔을 흡수한다. 즉 검은색은 빛 에너지의 대부분을 흡수하기 때문에 빨리 따뜻해지는 것이다.

빛도 느려진다!? 굴절률은 감소율

"늦잠을 자버렸네! 학교에 늦겠어!"

늦잠을 잔 나는 서둘러 집을 나선다. 그 뒤 한산한 곳은 쉽게 달릴 수 있지만, 역 가까이 가자 사람들이 늘어서 마음대로 달릴 수가 없었다. 똑같은 일이 빛에서도 일어난다. 빛은 아무것도 없는 진공 속에서는 약 30만km/s로 진행하지만 밀도가 큰 물질 속에 들어가면 속도가 뚝 떨어진다. 아래의 그림을 살펴보자.

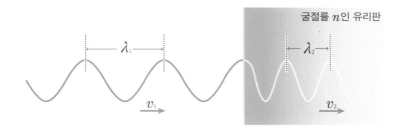

굴절률 n인 유리판

이 그림은 진공 속에서 유리판 안에 빛이 입사했을 때 빛의 파장 모습을 나타낸 것이다. 입사 전후로 진동수 f는 변화하지 않는다. 하지만 속도는 떨어졌다. $v = f\lambda$이므로 식으로 나타내면 다음과 같다.

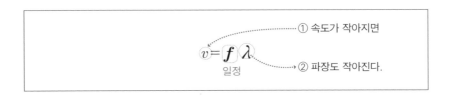

① 속도가 작아지면

$$v = f\lambda$$
일정

② 파장도 작아진다.

이렇게 속도가 작아지면 파장도 작아진다. 속도나 파장이 진공의 빛에 비해 몇 분의 1이 되는 비율을 절대굴절률 n이라고 한다(앞으로는 '굴절률'로 표기).

입사하기 전의 파장을 λ_1, 유리판의 굴절률을 n이라고 하면, 입사 후의 속도 v_2나 파장 λ_2는 다음과 같이 나타낼 수 있다.

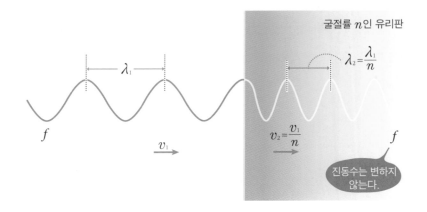

예를 들어 굴절률 n이 2인 유리에 진공에서의 파장 λ_1이 10m인 빛이 들어가면, 유리 속에서 빛의 파장 λ_2는 진공의 절반인 5m가 된다 $\left(\lambda_2 = \dfrac{10}{2}\right)$. 굴절률은 파장이 '감소하는 비율', 즉 '감소율'이라고 외워 두자.

빛의 반사

빛은 파동의 성질을 갖고 있기 때문에 파동의 성질② '반사'(44쪽)에서 살펴보았듯이 반사도 한다. 다음 그림은 전구에서 나온 빛이 거울에 반사되는 모습을 나타낸 것이다.

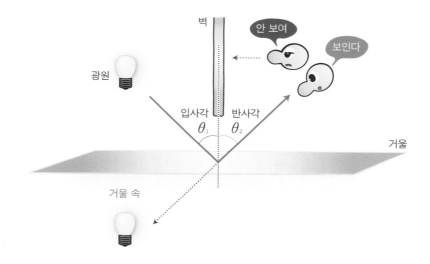

벽 때문에 전구가 직접 보이지 않는 경우에도 아래의 거울에 반사된 빛을 보고 전구를 확인할 수 있다. 위의 그림처럼 빛이 반사하는 경우에는 반사면과 수직인 선으로 입사한 빛의 각도(입사각)와, 반사한 빛의 각도(반사각)는 같다.

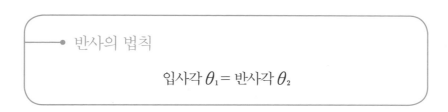

반사의 법칙

$$입사각\ \theta_1 = 반사각\ \theta_2$$

빛의 굴절

빛은 파동의 성질을 갖고 있어 파동의 성질③ '굴절'(48쪽) 현상도 일어난다. 유리면에 빛이 입사했을 때의 모습을 생각하면서 아래 그림을 보자.

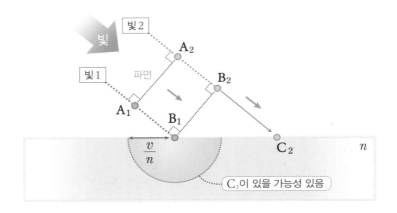

그림의 빛1, 빛2는 이 빛에서 나온 빛의 이동 방향을 나타낸다. 파동의 성질① '원형파'(41쪽)에서 설명했듯이 빛의 진행 방향과 파면은 항상 수직이 된다. 빛1과 빛2는 파면을 수직으로 유지하면서 유리판에 입사한다. 유리판에 들어가는 순간, 파면 $B_1 - B_2$의 진행 방향과 빛1, 빛2의 파면은 수직이 된다. 그 후에 빛2의 B_2는 광속 V로 C_2에 도달한다. 빛1의 B_1은 광속 V로 진행하고 싶지만, 감소율(굴절률) n인 유리 속으로 들어가기 때문에 $\dfrac{v}{n}$로 속도가 떨어진다. 그래서 그림처럼 B_1을 중심으로 한 반지름 $\dfrac{v}{n}$의 파란 반원의 어딘가에 빛1의 다음 포인트 C_1이 존재하게 된다.

유리 속에서도 똑같은 빛인, 빛1과 빛2가 만드는 파면은 파동의 진행 방향과 수직이 된다. 따라서 아래의 그림처럼, C_2에서 빛1의 C_1의 존재 범위인 파란 반원을 향해 직선을 긋는다.

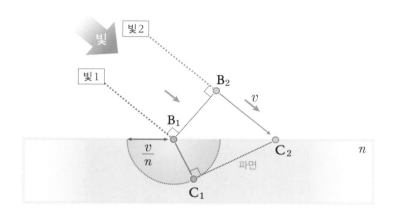

C_1이 원과의 접점에 있다고 가정하면, C_1과 C_2가 만드는 파면(그림의 점선)은 빛의 진행 방향에 대해 수직이 된다(원의 접선은 중심에서 접점으로 그은 선과 수직이 되는 성질을 갖기 때문이다). 빛은 파면과 진행 방향의 조건을 충족시킨듯이 유리 속으로 들어가기 때문에 이렇게 휘어진다.

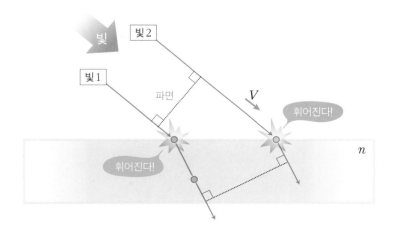

굴절 공식

　아래의 그림처럼 위에 있는 물질의 굴절률을 n_1, 아래에 있는 물질의 굴절률을 n_2, 입사각을 θ_1, 굴절각을 θ_2라고 한다. 굴절 전의 속도 v_1과 파장 λ_1, 굴절 후의 속도 v_2와 파장 λ_2 사이에는 다음과 같은 관계식이 성립된다.

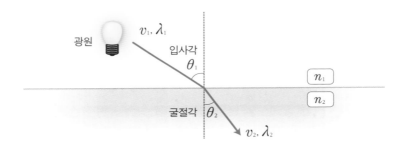

공식
$$\frac{\sin\theta_1}{\sin\theta_2} = \frac{v_1}{v_2} = \frac{\lambda_1}{\lambda_2} = \frac{n_2}{n_1}$$

　이 공식은 반드시 암기하자. 아래의 그림처럼 수면을 분수의 선으로 그어서, 각각 $\frac{\text{상}}{\text{하}}$ 으로 묶을 수 있다고 외우면 된다. 단 굴절률만은 분자와 분모가 반대가 되는 것을 주의해야 한다.

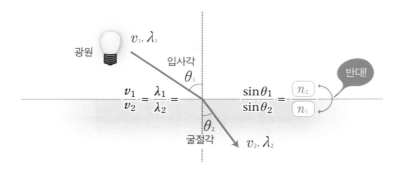

부록 ① '전반사'에서는 빛이 매질 속으로 들어가지 못하는 '전반사'라는 현상에 대해서 설명하고 있으니 확인해 두기 바란다.

빛은 입자인가? 파동인가?

여기까지는 빛의 기초에 관해서였다. 그러면 지금까지 학습한 빛의 성질을 이용해 빛의 간섭에 대해서 알아보자. 그런데 빛이 파동이라는 사실은 어떻게 알게 된 것일까?

"뭐!? 파동이라고 하니까 그렇구나 한 거였는데….
그러고 보니 어떻게 파동이라는 걸 안 거지?"

빛이 파동임을 알린 토머스 영[Thomas Young]의 실험을 소개한다.

영은 오른쪽 그림처럼 2개의 슬릿 (작은 틈새)이 있는 판자에 빛을 입사시켜, 슬릿에서 나온 빛을 뒤쪽에 있는 스크린에 비추는 실험을 했다.

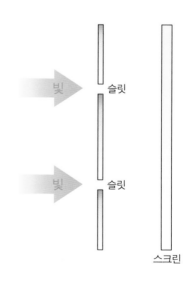

스크린에는 어떤 모양의 빛이 나타났을까?

만약 빛이 공 같은 입자라면, 수많은 빛의 알갱이가 슬릿을 향해 날아

가게 된다. 그리고 슬릿을 통과한 빛의 알갱이가 스크린에 충돌해서 왼쪽 그림처럼 2개의 빛의 선이 나타날 것이다.

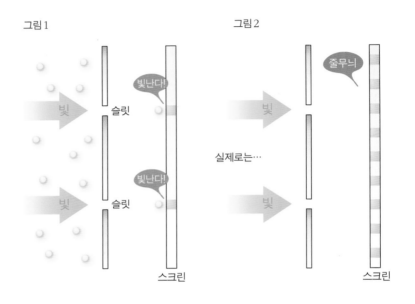

하지만 실제로 이 실험을 하자 **그림2**처럼 수많은 빛의 선인 줄무늬가 관측되었다.

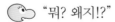 "뭐? 왜지!?"

빛이 입자라면 설명이 불가능한 일이다. 하지만 빛이 파동이라면 이 줄무늬는 설명이 가능하다.

2차원의 간섭

이 줄무늬의 수수께끼에 관해서 파동의 성질로 돌아가 생각해 보자. 파동의 성질① '원형파'에서 보았듯이 파동은 파원을 중심으로 퍼진다. 아래의 그림은 1교시에 보았던, 수면에 돌을 던졌을 때 파동이 퍼지는 모습이다.

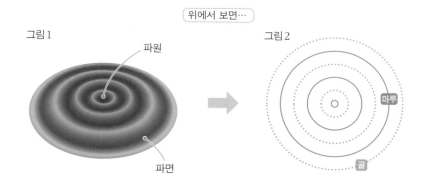

위에서 보면…

그림1

파원

파면

그림2

마루

골

그림2의 '위에서 본 모습'은 '마루를 실선'·'골을 점선'으로 표시한 것이다. 여기에 2개의 돌을 수면 위 조금 떨어진 곳에 동시에 던지면, 2개의 파동이 동시에 발생한다.

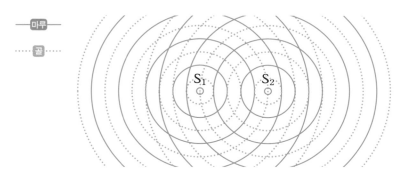

마루

골

S_1

S_2

파동끼리 겹치면 파동의 성질④ '간섭' 현상이 일어난다. 그림을 보면 2개의 파동인 '마루와 마루', '골과 골'이 다양한 곳에서 중첩되는 것을 알 수 있다. 아래 그림 중 **그림1**은 이 두 가지 파동을 컴퓨터를 이용해 더한 모습을 나타낸 것이다.

"우왓! 이상한 무늬가 생겼어!"

이 무늬를 잘 보면, **그림2**처럼 파동이 크게 진동하는 장소(부풀어오른 부분이나 들어간 부분)와 파동이 전혀 생기지 않은 것처럼 보이는 장소가 있다.

그림1   그림2

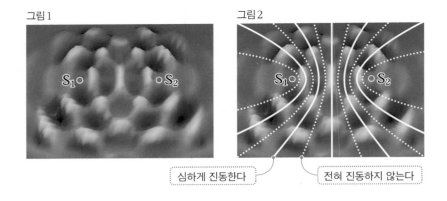

심하게 진동한다   전혀 진동하지 않는다

이렇게 '심하게 진동하는 장소'들이나 '전혀 진동하지 않는 장소'들은 아무리 시간이 경과해도 같은 장소이다. 즉 심하게 진동하는 장소는 어떤 시간에는 높은 마루, 다음 시간에는 깊은 골 등으로 크게 진동한다. 또 전혀 진동하지 않는 장소는 시간이 경과해도 전혀 전동하지 않는다. 이는 정상파의 모습과 많이 비슷하다.

그럼 이렇게 진동이 심한 장소(정상파에서 말하는 '배')나 전혀 진동하지 않는 장소('마디')가 왜 이곳에 생기고, 이런 무늬를 만들어내는지 알아보자. 아래의 그림을 보자.

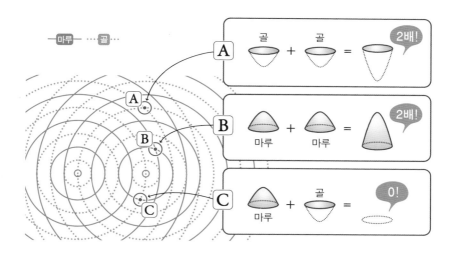

그림의 Ａ처럼 점선(골)과 점선(골)이 중첩된 곳은 서로 보강간섭하여 2배 깊이인 '골'이 생겨난다. 그림 Ｂ처럼 실선(마루)과 실선(마루)이 중첩된 곳에서도 서로 보강간섭하여 2배 높이의 '마루'가 생겨난다. 그에 반해 그림 Ｃ처럼 실선(마루)과 점선(골)이 중첩된 곳은 서로 상쇄간섭하여 (파동끼리 부딪쳐 사라진다) 전혀 진동하지 않는다.

그러면 '보강간섭'이 일어나는 부분의 '실선과 실선' '점선과 점선'이 중첩된 곳에 ◎표시를, 또 '상쇄간섭'이 일어나는 실선과 점선이 중첩된 곳에 ○표시를 해 보자.

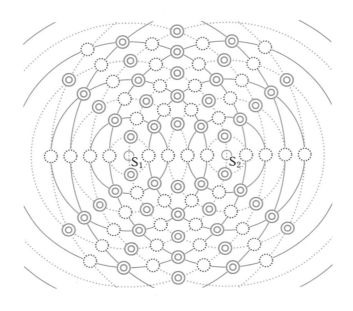

보강간섭이 일어난 ◎를 **빨간 실선**으로, 상쇄간섭이 일어난 ○를 **파란 점선**으로 연결하면 **그림 1**처럼 된다. **그림 2**에 나타난 이상한 무늬와 비교하면, 같은 장소에 보강간섭 라인과 상쇄간섭 라인이 생겨났다. 신기한 줄무늬는 이렇게 만들어진 것이다.

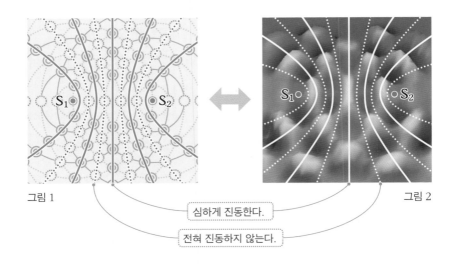

그림 1　　　　　　　　　　　　　　　　　　　　　　　　　　　그림 2

심하게 진동한다.

전혀 진동하지 않는다.

빛은 파동의 성질을 갖고 있다

이 무늬를 염두에 두고 영의 실험에서 본 줄무늬에 대해서 알아보자.

빛이 파동의 성질을 갖고 있다고 가정하고 오른쪽 그림을 보면 빛이 파동해서 슬릿에 다가왔다.

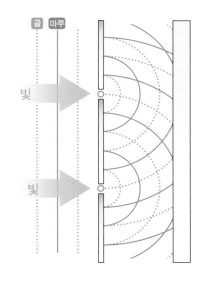

빛이 두 개의 슬릿을 각각 통과하면, 마치 제방 틈을 통과하는 파동처럼 슬릿을 파원으로 한 원형파가 발생한다(회절). 각각의 슬릿에서 발생한 원형파가 중첩되면 간섭이 일어난다. 그리고 오른쪽 그림처럼 빛이 보강간섭하는 선(빨간색 실선)과 상쇄간섭하는 선(파란색 점선)이 생긴다.

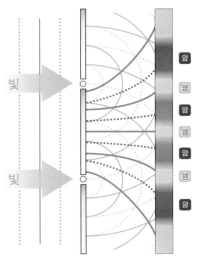

보강간섭한 이 빛이 스크린에 도달하면 스크린에는 밝은 빛이 반사된다. 또 상쇄간섭한 빛은 스크린에 도달해도 빛나지 않는다. 그래서 이 반사광들을 관측하면 명, 암, 명, 암… 이런 줄무늬로 보이는 것이다.

이렇게 빛을 파동이라고 가정하면 영의 실험에서 나타난 줄무늬에 대해서 설명할 수 있다. 반대로 생각하면 스크린에 빛의 줄무늬가 생긴다는 것은, 빛이 파동의 성질을 갖고 있다는 사실을 입증하는 셈이다.

등산으로 알 수 있는 보강간섭 공식

이번에는 영의 실험에서 어떤 곳에 명선^{明線}(보강간섭하는 선)이 생기고, 어떤 곳에 암선^{暗線}(상쇄간섭하는 선)이 생기는지 수식을 이용해 나타내보자. 아래는 파원 S_1, S_2에서 두 개의 파동이 발생하는 모습을 나타낸 것이다.

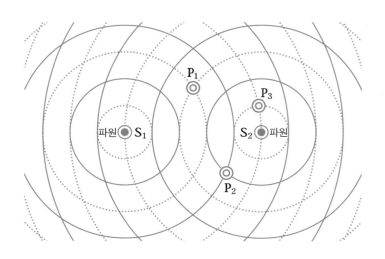

보강간섭하는 장소의 조건을 알아보려면 보강간섭하는 장소 P_1, P_2, P_3를 살펴봐야 한다. 이 장소들에는 어떤 관계가 있을까?

갑작스럽겠지만, 여기서 등산을 해 보자!

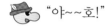 "야~~호!"

P_1 은 왜 보강간섭하는가?

S_1에서 P_1을 향해 등산을 하면서 P_1의 파동의 높이에 대해서 알아 보자.

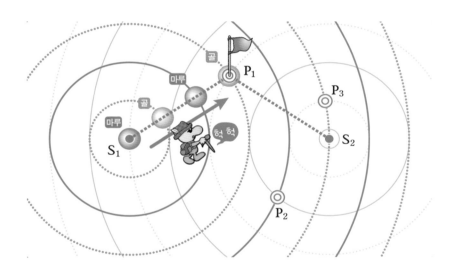

위의 그림에서 S_1에서 P_1을 향해 걸어가면 마루 → 골 → 마루 → … 순으로 상하를 반복하면서 [골]의 형태로 P_1에 도달한다.

이번에는 같은 방식으로 S_2을 나온 파동을 살펴보자. 다음 그림을 보면

S_2에서 P_1을 향해서 똑같이 걸어가면 마루 → 골 → 마루→⋯ 순으로 상
하를 반복하면서 P_1에는 골 의 형태로 도달한다.

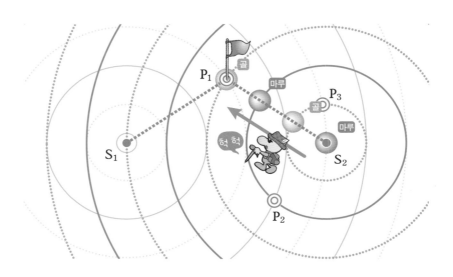

P_1에는 S_1에서 나온 파동이 골 이고, S_2에서 나온 파동도 골 로 도달한다.
따라서 두 개의 골 이 중첩되면서 보강간섭이 일어나 P_1의 위치에는 '깊은
골'이 만들어진다. 보다 알기 쉽도록 S_1과 S_2의 시작 지점을 비교해서 등
산경로를 그린 것이 아래 그림이다.

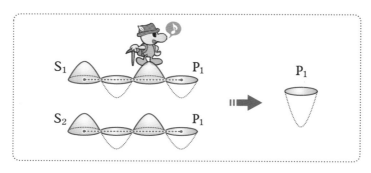

P₂ 는 왜 보강간섭하는가?

역시 등산을 하면서 P₂에 대해서도 생각해 보자.

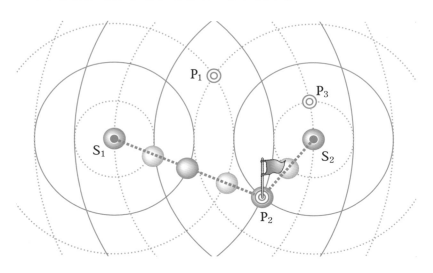

위의 그림처럼 S₁을 나온 파동은 마루 → 골 → 마루 → …, 그리고 마루
의 형태로 P₂에 도달한다. 또 S₂를 나온 파동은 마루 → 골 → 그리고 마루
의 형태로 P₂에 도달한다. 시작 지점을 나란히 그리면 다음과 같다.

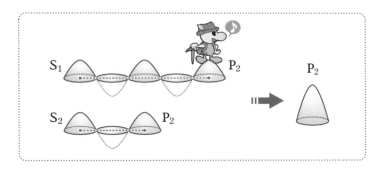

이처럼 P₂에서는 S₁에서 나온 파동의 마루 와 S₂에서 나온 파동의 마루 가
만나기 때문에 보강간섭이 일어나 '높은 산'이 만들어진다.

P₃ 는 왜 보강간섭하는가?

마지막으로 P_3에 대해서도 같은 방법으로 살펴보자.

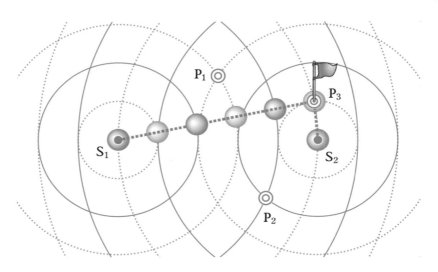

S_1에서 등산하면 마루 → 골 → 마루 → 골 → 마루, 그리고 골의 형태로 P_3에 도착하고, S_2에서 등산하면 마루 → 골의 형태로 P_3에 도착한다.

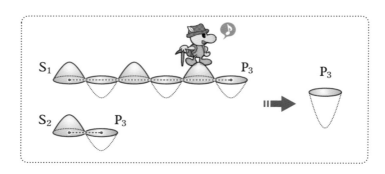

따라서 P_3에서는 골과 골이 만나 보강간섭이 일어나면서 '깊은 골'이 만들어진다.

등산경로와 보강간섭의 조건식

그럼 P_1, P_2, P_3의 등산경로를 나란히 비교해 보면서 어떤 곳에 보강간섭이 생기는지 알아보자.

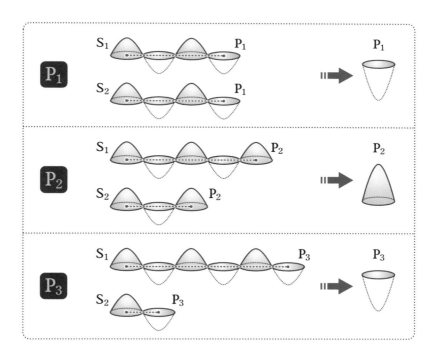

어떤 규칙성을 느꼈는가?

"으음, 뭘까…"

두 등산경로의 거리 차이(ΔL이라고 한다)에 주목해 보자.

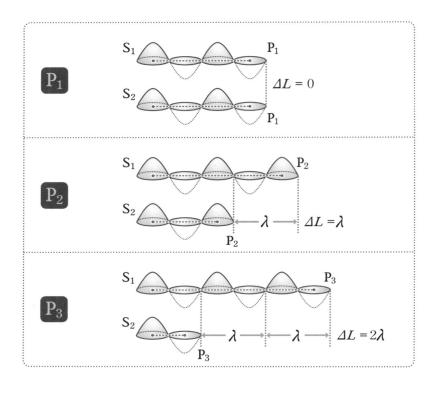

P₁에서 ΔL(거리 차이)은 0이고, P₂에서 ΔL은 '마루와 골', 즉 λ이다. 또 P₃의 ΔL은 마루와 골 세트가 2개 있으므로 2λ이다.

$\Delta L = 0, \lambda, 2\lambda \cdots$. 이처럼 보강간섭하는 장소는 경로의 차이($\Delta L$)가 반드시 파장 λ의 정수배가 된다. 따라서 정수 m을 이용하면 보강간섭하는 장소는 다음과 같이 나타낼 수 있다.

보강간섭의 조건 $$\Delta L = m\lambda \quad (m = 0, 1, 2, 3 \cdots)$$

예를 들어 $m=0$일 때 $\Delta L=0$이다. 이것은 P_1을 의미한다. 또 $m=1$일 때 $\Delta L=\lambda$이다. 이것은 P_2를 나타낸다. 이 경로의 차이 ΔL을 '경로차'라고 한다.

보강간섭의 조건과 정수 m의 관계

아래의 그림은 보강간섭 라인이 생긴 장소와 그 장소의 경로차 ΔL을 나타낸.것이다.

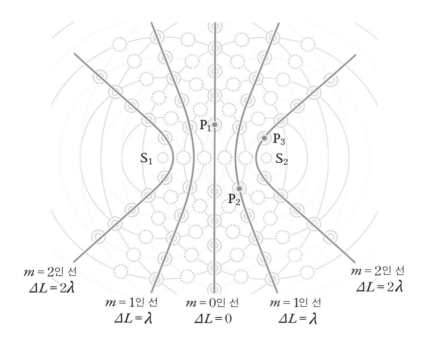

S_1, S_2에서 거리가 동일한 중앙에는 세로의 보강간섭 라인이 있다. 이것이 $\Delta L = 0$인 선($m = 0$)이다. 그 바깥쪽 선은 λ만큼 한쪽 경로가 길어지는 $m = 1$인 선, 그리고 더 바깥쪽 선은 한쪽이 2λ만큼 길어지는 $m = 2$인 선이다.

등산으로 이해하는 상쇄간섭의 공식

 이번에는 보강간섭의 경우와 마찬가지로 상쇄간섭의 조건을 알아보자. 아래의 그림에 나오는 $P_1{'}$, $P_2{'}$라는 상쇄간섭하는 두 개의 점부터 살펴보자.

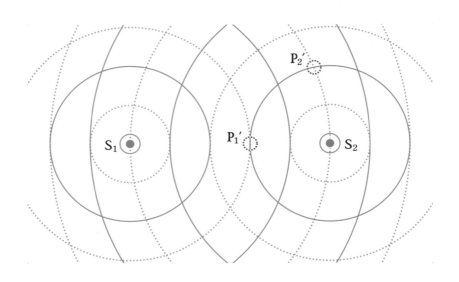

P₁´는 왜 상쇄간섭하는가?

아래의 그림은 P₁´에 관해서 S₁에서의 등산경로, S₂에서의 등산경로를 나타낸 것이다.

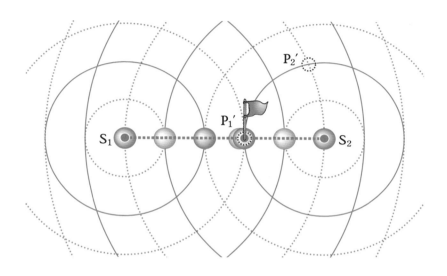

S₁에서는 마루 → 골 → 마루 → 골의 형태로 P₁´에 도달한다. S₂에서는 마루 → 골 → 마루의 형태로 도달한다. P₁´에서는 골과 마루가 만나기 때문에 파동은 상쇄간섭하여 사라져 버린다.

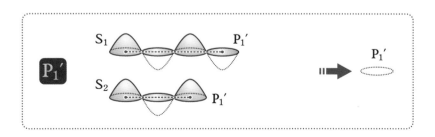

P₂′는 왜 상쇄간섭하는가?

마찬가지로 다음 그림은 P_2'에 관한 S_1에서의 등산경로, S_2에서의 등산
경로를 나타낸 것이다.

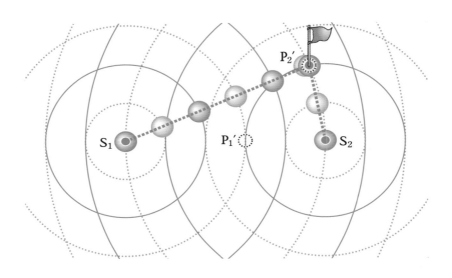

S_1에서는 마루 → 골 → 마루 → 골 → 마루 → 골 의 형태로 P_2'에 도달
한다. S_2에서는 마루 → 골 → 마루 의 형태로 도달한다. P_2'에서는 골 과 마루
가 만나기 때문에 파동이 상쇄간섭하여 사라져 버린다.

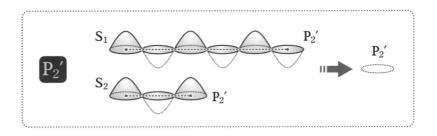

등산경로와 상쇄간섭의 조건

그렇다면 $P_1{'}$이나 $P_2{'}$ 등의 '상쇄간섭하는 장소'는 어떤 곳에 생기는 것일까? 보강간섭의 조건과 마찬가지로 등산경로를 나란히 비교하여 경로차 ΔL에 주목해서 살펴보자.

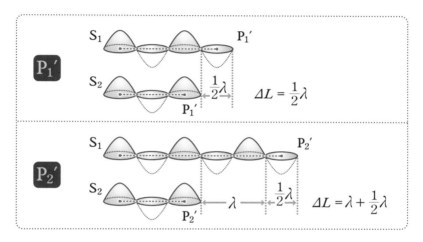

모종의 관계성을 깨달았는가?

"골이 1개 남아요!"

"똑똑하군!"

$P_1{'}$의 ΔL에 골 1개분$\left(\dfrac{1}{2}\lambda\right)$, $P_2{'}$의 ΔL에는 1파장(λ) 플러스 골 1개분$\left(\dfrac{1}{2}\lambda\right)$이 있다. 경로차에 골 1개라는 여분이 남기 때문에(마루가 남는 경우도 있다), 어느 쪽이든 반 파장 더 전진한다. 즉 도달했을 때의 형태가 바뀌기 때문에 상쇄간섭이 일어나는 것이다. $\Delta L=\dfrac{1}{2}\lambda,\ \lambda+\dfrac{1}{2}\lambda\cdots$. 상쇄

간섭의 조건은 정수 m을 이용해 다음과 같이 나타낼 수 있다.

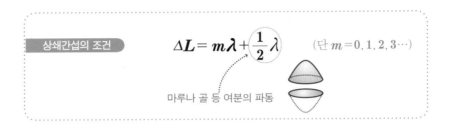

상쇄간섭의 조건

$$\Delta L = m\lambda + \frac{1}{2}\lambda \quad (\text{단 } m = 0, 1, 2, 3 \cdots)$$

마루나 골 등 여분의 파동

상쇄간섭의 조건과 정수 m의 관계

아래 그림은 상쇄간섭의 라인이 생긴 장소와, 그 장소의 거리 차이(경로차 ΔL)를 나타낸 것이다.

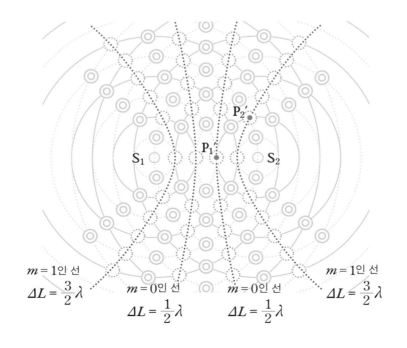

$m = 1$인 선
$\Delta L = \frac{3}{2}\lambda$

$m = 0$인 선
$\Delta L = \frac{1}{2}\lambda$

$m = 0$인 선
$\Delta L = \frac{1}{2}\lambda$

$m = 1$인 선
$\Delta L = \frac{3}{2}\lambda$

이와 같이 상쇄간섭 라인은 보강간섭 라인 사이에 있다.

영의 실험

지금까지 '상쇄간섭의 조건' '보강간섭의 조건'을 수식으로 나타내는 방법을 배웠다. 이 조건식을 이용하면 영의 실험에서 생긴 빛의 줄무늬가 어떤 간격으로, 어디로 나오는지 계산할 수 있다.

아래의 그림은 영의 실험 장치를 실제의 축척에 가깝게 나타낸 것이다.

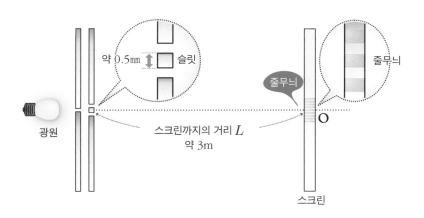

이렇게 슬릿에서 스크린까지의 거리는 약 3m로 매우 크고, 그에 비해 슬릿의 간격이나 발생하는 줄무늬의 간격은 극히 작다. 이 그림으로는 알기가 어렵기 때문에 다음 그림처럼 실제보다 슬릿의 간격을 크게 하고 스크린까지의 거리를 짧게 그려 보았다. 단 실제로는 스크린까지의 거리 L 이 슬릿의 간격 d나 줄무늬의 간격에 비해 매우 크다는 사실을 기억하자.

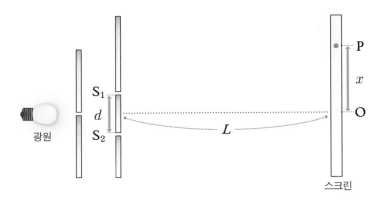

영의 실험에서는 1개의 광원을 먼저 1개의 슬릿에서 회절시킨 후에, 두 개의 슬릿 S_1, S_2를 통과시켜 실험한다. 이것은 S_1과 S_2에서 나오는 광원의 위상(마루나 골 등의 형태)의 시작 지점을 맞추기 위해서이다. 두 개의 슬릿 중심에서 수직선을 그어 스크린과 교차한 점을 O라고 한다.

그리고 O에서 x의 위치에 있는 점 P에 대해서 '보강간섭인지 상쇄간섭인지'를 알아보자.

영의 실험과 경로차

파동의 간섭에서는 경로차 ΔL이 키포인트였다. 다음 그림을 보자. S_1P는 빛 1이라고 하고, S_2P를 빛 2라고 해서 빛 1과 빛 2의 경로차 ΔL을 구해 보자. S_1과 S_2에서 올려다본 P까지의 각도는 동일한 기호 θ로 나타낸다.

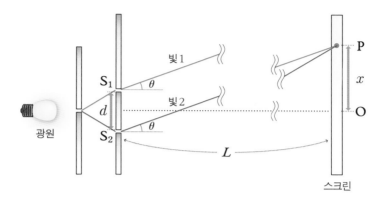

똑같이 θ를 이용하는 이유는, S_1과 S_2의 슬릿의 간격 d와 비교해 슬릿에서 스크린까지의 거리가 충분히 크면 거의 같은 각도로 간주할 수 있기 때문이다. 그러면 빛1과 빛2의 경로차를 생각해 보자.

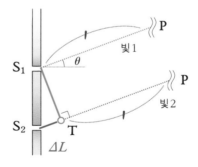

위의 그림에서 S_1에서 빛2에 수직선을 그어서 생긴 교차점을 T라고 한다. 빛1의 S_1P와 빛2의 TP는 평행을 유지하면서 P에 도달하므로 같은 길이로 볼 수 있다. 따라서 빛2는 빛1보다 S_2T의 거리만큼 여분으로 진행하는 것을 알 수 있다. 이 S_2T가 빛1과 빛2의 경로차 ΔL에 해당한다.

그럼 이제 $\Delta L(=S_2T)$의 길이를 구해 보자. 아래의 그림을 보면 $\angle S_2TS_1$은 90°이고, 또 $\angle TS_1S_2$은 θ라는 것을 알 수 있다.

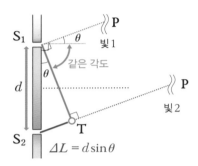

직각삼각형 S_2TS_1에 주목하면, 빗변의 길이는 슬릿의 간격 d이므로 경로차 $\Delta L(=S_2T)$은 다음과 같다. ($\sin\theta$, $\cos\theta$가 바로 나오지 않는 사람은 239쪽부터 시작되는 보충수업에서 확인해 보자).

$$\Delta L = d\sin\theta$$

이렇게 하면 경로차를 구할 수 있다.

영의 실험에서는 다시 이 ΔL을 근사식으로 근사해간다. θ는 실제로는 매우 작은 값이며 θ가 작을 때 다음 근사식이 성립된다.

근사식 $$\sin\theta = \tan\theta$$ *(θ가 작을 때)*

이 근사식이 성립되는 이유는 부록 ② 'sinθ＝tanθ의 수수께끼'를 참고하면 된다. 이 근사식을 이용하면 ΔL의 sinθ를 tanθ로 치환하는 것이 가능하다.

$$\Delta L = d\sin\theta = d\tan\theta$$

또 각도 θ는 다음 그림에서 보이듯이 슬릿의 중심에서 P까지의 각도라고도 볼 수 있다.

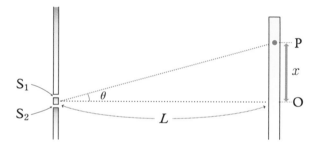

이때 직각삼각형에 주목하면 tanθ의 정의식에 의해서 다음과 같이 나타낼 수 있다.

$$\tan\theta = \frac{x}{L}$$

이 식을 경로차 $\Delta L = d\tan\theta$에 대입하면 다음과 같다.

$$\boxed{公式} \qquad \Delta L = \frac{dx}{L}$$

이것이 영의 실험에서 구한 경로차의 공식이다. 이 공식은 외워 두자. 물리에서는 이렇게 근사식을 이용해 사고하는 경우가 종종 있다.

경로차의 이용 방법

이번에는 경로차 ΔL을 이용해서 영의 실험에서 밝게 빛나는 장소나 줄무늬의 간격을 알아보자. 만약 어떤 점 P가 보강간섭하는 장소가 된다면, 경로차 ΔL은 파장 λ의 정수배가 되므로 다음의 식이 성립한다.

보강간섭의 조건 $\qquad \Delta L = m\lambda \ \ (m=0,1,2,3\cdots)$

영의 경로차 $\Delta L = \dfrac{dx}{L}$이므로 대입하면 다음과 같다.

$$\frac{dx}{L} = m\lambda$$

이 식을 x에 관해서 풀면,

$$x = \frac{L\lambda}{d} m$$

이 식이 나타내는 것은 m에 정수를 대입하면 알 수 있다.

$$m=0일 \text{ 때, } x=0$$

$$m=1일 \text{ 때, } x=\frac{L\lambda}{d}$$

$$m=2일 \text{ 때, } x=2\frac{L\lambda}{d}$$

이 위치들을 나타낸 것이 아래 그림이다.

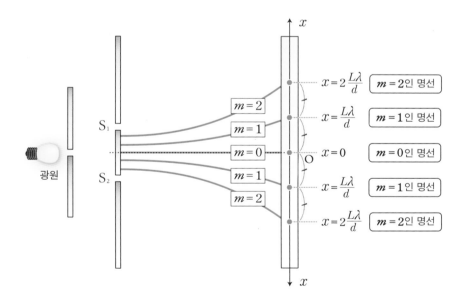

중심에 있는 $m=0$인 명선을 중심으로 해서 상하 대칭으로 $m=1$, $m=2$인 보강간섭하는 · 밝은 선(명선이라고 한다)이 나열되어 있다. 영의 실험

에서는 명선과 명선의 간격은 $\frac{L\lambda}{d}$로, 등간격으로 나열된다. 이렇게 해서 명선의 위치나 그 간격을 구할 수 있다.

같은 방법으로 상쇄간섭하는ㆍ어두운 선(암선이라고 한다)의 위치에 관해서도 알아보자. 상쇄간섭의 조건은 경로차 ΔL의 안에 반 파장$\left(\frac{1}{2}\lambda\right)$이 남는 것이다. 따라서 다음과 같다.

$$\frac{dx}{L} = m\lambda + \frac{1}{2}\lambda \qquad (m = 0, 1, 2, 3 \cdots)$$

가 되고, 이 식을 x에 대입해서 풀면,

$$x = \frac{L\lambda}{d}m + \frac{L\lambda}{2d}$$

이 m에 $0, 1, 2\cdots$ 등 정수를 대입하면, 다음과 같이 된다.

$$m = 0 일 때, \; x = \frac{L\lambda}{2d}$$

$$m = 1 일 때, \; x = \frac{3L\lambda}{2d}$$

$$m = 2 일 때, \; x = \frac{5L\lambda}{2d}$$

보강간섭 라인과 비교하기 위해서 상쇄간섭 라인을 파란 점선으로 나타냈다.

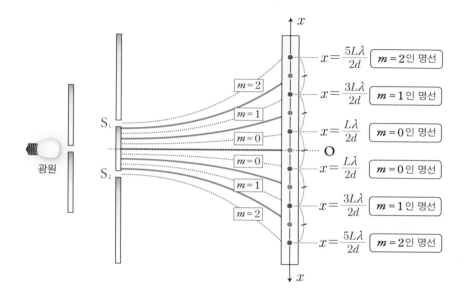

중심 O에서 가까운 곳부터 순서대로 $m=0$, $m=1$, $m=2$의 암선이 나열된 것을 알 수 있다. 또 암선의 간격도 명선과 마찬가지로 $\frac{L\lambda}{d}$로, 등간격으로 나열된 것을 알 수 있을 것이다.

이처럼 간섭 조건식을 이용하면 명선·암선의 장소와 그 간격을 구할 수 있다.

다섯 가지 경로차

시험에서 출제되는 문제는 Ⓐ 영의 실험을 비롯해서, Ⓑ 회절격자, Ⓒ 박막간섭, Ⓓ 쐐기형 간섭, Ⓔ 뉴턴 링, 이렇게 다섯 가지 패턴이다.

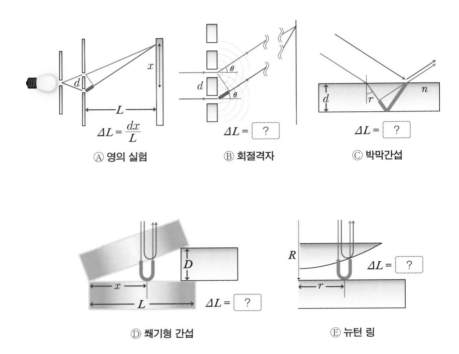

$\Delta L = \dfrac{dx}{L}$

Ⓐ 영의 실험

$\Delta L = \boxed{\ ?\ }$

Ⓑ 회절격자

$\Delta L = \boxed{\ ?\ }$

Ⓒ 박막간섭

$\Delta L = \boxed{\ ?\ }$

Ⓓ 쐐기형 간섭

$\Delta L = \boxed{\ ?\ }$

Ⓔ 뉴턴 링

😮 "다섯 가지나? 많구나~!"

하지만 괜찮다. 이 문제들의 차이점이라고는 경로차 ΔL의 값뿐이다. 경로차를 알면 '간섭 조건식'을 이용해서 영의 실험과 마찬가지로 명선·암선의 위치나 간격을 구하면 된다. 그럼 회절격자부터 순서대로 살펴보자.

회절격자

음반 CD의 표면을 보면 반짝반짝 무지개 색으로 빛난다. 이것도 빛의 간섭 현상이 원인인데, CD의 표면이 '회절격자'의 역할을 하기 때문이다. 회절격자란 유리 등의 표면에 수많은 작은 상처를 등간격으로 낸 것을 말한다. 상처가 난 부분은 불투명유리가 되어 빛을 통과시키지 않기 때문에 상처가 나지 않은 부분이 슬릿 역할을 한다.

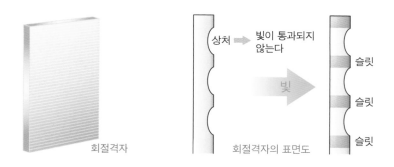

회절격자   회절격자의 표면도

이 회절격자의 뒤쪽에서 빛을 입사시키면 다수의 슬릿이 파원이 되어, 영의 실험에서처럼 간섭무늬를 만든다(음반 CD의 경우에는 표면에 새겨진 자잘한 상처에 의해 빛이 반사되어 반짝거리는 줄무늬가 보인다).

회절격자의 특징은 영의 실험이 두 개의 슬릿인 데 비해, 슬릿이 무수히 많다는 점이다. 그래서 회절격자에서 생긴 간섭무늬는 줄무늬가 보다 밝아진다.

회절격자의 경로차

아래의 그림은 회절격자에 빛을 입사시켰을 때에 회절된 두 줄의 빛을
나타낸 것이다.

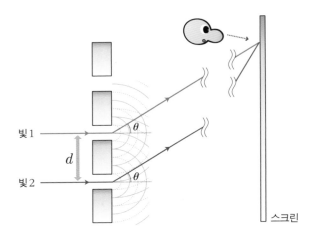

두 줄의 빛은 스크린상의 한 곳에 모인다. 회절격자도 영의 실험과 마
찬가지로 슬릿의 간격에 비해 스크린까지의 거리가 크기 때문에 두 줄의
빛의 각도는 같은 θ라고 놓는다. 따라서 회절격자의 경로차는 영의 실험
과 마찬가지로 다음 그림에 표시한 굵은 파란색 부분에 해당한다.

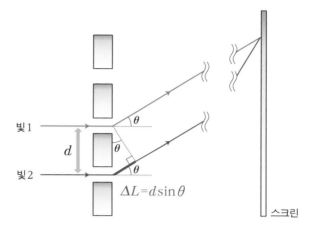

빛1

d

빛2

θ

θ

θ

$\Delta L = d \sin\theta$

스크린

즉 위의 그림에서 경로차 ΔL은 $d\sin\theta$이다. 이것이 회절격자의 경로
차 공식이다.

공식 $$\Delta L = d\sin\theta$$

영의 실험은 여기에서 다시 근사하지만, 회절격자는 끝난다. 간단하지?
이 회절격자를 이용하면 보강간섭, 상쇄간섭의 조건식은 다음과 같다.

보강간섭의 조건식 $d\sin\theta = m\lambda$ $(m = 0, 1, 2, 3\cdots)$

상쇄간섭의 조건식 $d\sin\theta = m\lambda + \dfrac{1}{2}\lambda$ $(m = 0, 1, 2, 3\cdots)$

조건식을 보면 각도 θ와 파장 λ가 관련되어 있는 것을 알 수 있다. 회절격자를 통과한 빛은 일정 각도에서 각각의 빛을 모아 보강간섭하여 밝게 빛나는 장소를 만든다. 또 색깔마다 파장 λ가 조금씩 다르기 때문에 보강간섭하는 각도도 조금씩 어긋난다. 그래서 반짝반짝 무지개 색의 빛이 관측되는 것이다.

박막간섭

기름에 오염된 물웅덩이를 보면 반짝반짝 무지개 색으로 빛나는 경우가 있다. 또 비눗방울을 날리면 반짝반짝 무지개 색으로 빛나 보인다. 하지만 물도 기름도, 그리고 비눗물도 원래의 색깔은 투명하다. 그런데 이 액체들을 얇게 펼치면(박막이라고 한다), 왜 무지개 색으로 보이는 것일까?

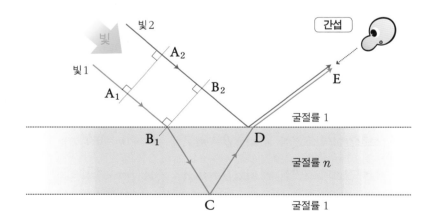

왼쪽 그림은 공기 중에 있는 비눗방울의 박막에 빛이 입사했을 때의 모습을 나타낸 것이다.

공기의 굴절률을 1, 박막의 굴절률을 n이라고 한다. 박막에 비스듬하게 입사한 두 줄의 빛은 각각 다른 경로를 더듬어간다. 빨간색으로 표시한 빛 1은 A_1을 출발해서 B_1에서 굴절되어 막 속으로 들어간다. 그리고 막의 아랫면 C에서 반사한 후 윗면 D에서 굴절되어 관측자의 눈 E에 도달한다. 파란색으로 표시한 빛 2는 A_2를 출발한 후 윗면 D에서 반사되어 관측자의 눈 E에 도달한다. 빛 1과 빛 2는 각각 다른 경로를 거쳐서 같은 장소 E에 도달하기 때문에 경로차가 생겨서 빛의 간섭이 일어나는 것이다.

박막의 경로차

그럼 박막의 경로차를 구해 보자. 박막의 경우에는 경로차를 구하는 방법에 팁이 있다. 다음 페이지의 그림을 보면 빛 1과 빛 2는 B_1, B_2까지 진행했다. 빛 1은 굴절률 n인 매질로 들어가면(B_1), 속도가 $\dfrac{1}{n}$배로 작아진다(156쪽 참조).

빛 1이 B_1에서 F로 이동하는 동안에 빛 2는 B_2에서 D로 이동한다. 빛 1의 F와 빛 2의 D는 박막에 들어가도 파면을 수직으로 유지하면서 진행하기 때문에 $\angle B_1FD$는 직각을 이룬다. 빛 1, 빛 2의 F와 D는 동시간이기 때문에 지금까지 두 빛의 위상(마루와 골 등의 형태)은 일치한다. 따라서 빛 1이 빛 2보다 여분으로 통과하는 경로차 ΔL은, F 이후의 FCD가 된다.

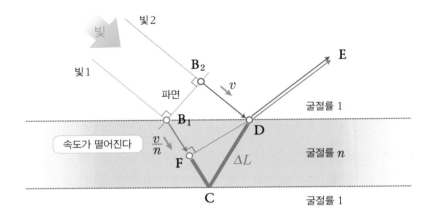

이 경로차를 구하기 위해서 잠시 생각해 보자. 아래의 **그림1**과 같이 D 에서 박막의 아랫면을 향해 수직으로 보조선을 긋는다.

이때 보조선과 박막 아랫면의 교차점을 G라고 한다. 여기서 오른쪽 **그림2**와 같이 △DCG를 아래로 확 뒤집는다.

그림1

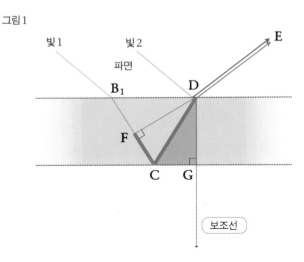

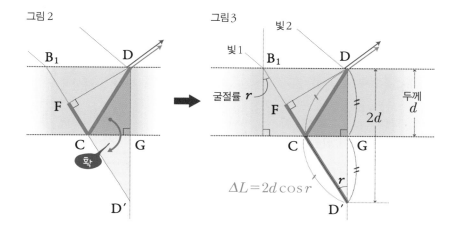

그림 2

그림 3

$\Delta L = 2d \cos r$

이렇게 하면 **그림3**처럼 CD와 CD′가 같은 길이가 되므로 경로차는 FCD에서 FD′로 일직선이 된다. 박막의 두께 DG를 d라고 하면, DD′는 2배인 2d가 된다. ∠FD′D는 굴절각 r과 엇각 관계이므로 마찬가지로 r이 된다.

이때 직각삼각형 DFD′에 주목하면, 빗변이 $2d$, $\angle r$을 사이에 두고 있기 때문에 ΔL(FD′)는 다음과 같다.

$$\Delta L = 2d \cos r$$

"좋아! 경로차가 나왔어! 이것을 간섭 조건식에 대입해 볼까?"

"잠깐! 서두르지 마! 이번에는 경로차를 그대로 사용해서는 안 되거든."

이쯤에서 '광로차'를 소개한다.

광로차

간섭에서는 두 개의 빛이 '마루와 마루'나 '골과 골'처럼 동위상에서 만나는지, 또는 '마루와 골'처럼 역위상에서 만나는지가 중요하다. 그래서 경로차 안에 얼마만큼의 파동이 들어 있는지를 생각하면서 조건식을 만들었다. 하지만 박막처럼 한쪽 빛이 굴절률(감소율)이 다른 물질로 들어갈 때에는 단순히 경로차만 비교해서는 안 된다. 다른 쪽 빛이 감소하기 때문이다. 다음 그림을 보자.

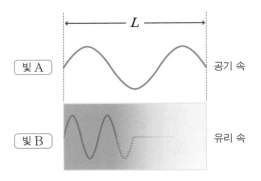

빛 A는 진공 속을 거리 L, 빛 B는 유리 속을 같은 거리 L만큼 진행한다고 가정하자. 이런 경우 빛 A와 빛 B의 경로차를 생각해 보면 같은 거리를 움직이고 있으므로 $\Delta L = 0$이다. 보통 $\Delta L = 0$이면 보강간섭을 하겠지만, 빛 B는 유리 속에서 감소하기 때문에 마루로 나오는지 골로 나오는지 알 수가 없다. 그렇다면 어떤 방법으로 두 빛을 비교할 수 있을까?

답은 '같은 진공에서 비교한다'이다. 빛 B를 유리 밖으로 꺼내어 빛 A와 비교해 보자.

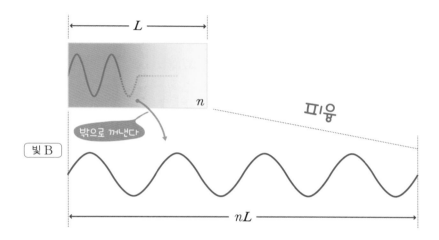

굴절률은 감소율이다. 굴절률 n의 안으로 들어간 빛 B는 '진공의 n분의 1'로 파장이 감소하므로, 진공으로 꺼내기 위해서는 위의 그림처럼 빛 B의 거리 L을 n배 하면 된다. 이렇게 빛 B를 진공에서의 길이로 되돌린 후에 빛 A와 비교하면 경로차는 다음과 같다.

$$\Delta L = nL - L$$

빛 B의 경로－빛 A의 경로

이와 같이 진공 속으로 끌어내어 두 개의 빛을 비교했을 때의 경로차를 광로차라고 한다. 이 광로차를 간섭 조건식에 적용해서 생각해 보자.

빛의 자유단 반사와 고정단 반사

"흐음. 유리 속을 진행한 빛과 비교하는 경우에는 광로차를 사용하는 건가? 그렇다면 구한 경로차 $\Delta L = 2d\cos r$은 유리 속에 들어 있으니까 n배 하면, 광로차 $\Delta L'$가 되고, 그러면…."

"광로차 $\Delta L = 2d\cos r \times n$이야! 이 광로차를 이용해 조건식을 만들면 돼!"

"잠깐! 좀 더 신중해야 하지 않을까?"

분명 박막의 광로차는 n을 곱하면 다음과 같다.

공식 $$\Delta L' = 2nd\cos r$$

다만 한 가지 주의해야 할 사항이 있는데, 그것은 바로 '반사'이다. 파동의 성질② '반사'에 두 종류의 반사가 있었다는 것을 기억하는가? '마루는 마루' '골은 골' 이렇게 위상이 바뀌지 않는 자유단 반사와, '마루는 골' '골은 마루' 이렇게 반대로 바뀌는 고정단 반사이다.

다음의 두 그림은 밀도가 다른 두 물질 사이에서 빛이 반사할 때의 모습을 나타낸 것이다. **그림 1**을 보면, 밀도가 큰(굴절률이 큰) 공간을 진행한 빛은 밀도가 작은(굴절률이 작은) 경계면에서 반사될 때, 밀도가 큰 그 공간이 장을 지배해서 자유단 반사가 된다. 예를 들어 마루, 골, 마루로 들어간 빛은 다음에 와야 할 골이 되어 반사하는 것이다.

이번에는 **그림 2**를 보자. 밀도가 작은(굴절률이 작은) 공간을 진행한 빛은 밀도가 큰(굴절률이 큰) 경계면에서 반사될 때, 움직이기 힘든 상대의 공간에 지배당해서 고정단 반사가 된다. 예를 들어 마루, 골, 마루로 들어온 빛은 그 다음에는 원래대로라면 골이 와야 하지만 반대로 마루가 되어 반사한다. 이렇게 도중에 반사가 일어난 경우에는 주의가 필요하다.

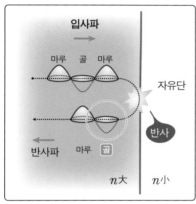

그림 1 **자유단 반사**

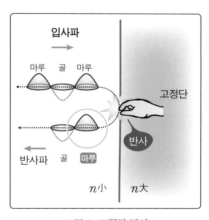

그림 2 **고정단 반사**

예들 들어 두 개의 같은 경로를 통해 온 빛 A와 빛 B에 관해서 알아보자. 단 빛 B는 도중의 파란 선 부분에서 자유단 반사를 한 것으로 한다.

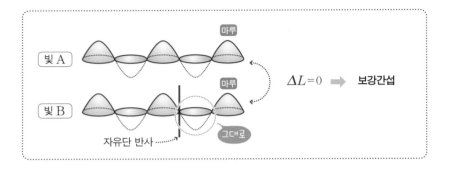

자유단 반사의 경우에 위상은 그대로 변화하지 않는다. 마루, 골, 마루로 온 파동은 통상대로 **골**로 반사된다. 따라서 마지막 부분을 보면 빛 A와 빛 B는 시작할 때와 같은 위상인 **마루**에서 만나기 때문에 보강간섭한다. 이때 간섭 조건식은 지금까지와 마찬가지로 다음과 같다.

보강간섭	$\Delta L = m\lambda$
상쇄간섭	$\Delta L = m\lambda + \dfrac{1}{2}\lambda$

이번에는 빛 B가 파란선 부분에서 고정단 반사한 경우를 생각해 보자.

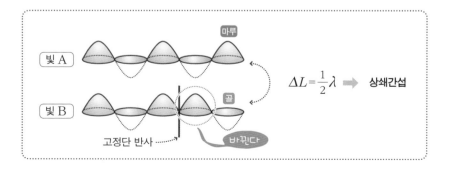

빛 B는 마루, 골, 마루, 그리고 원래대로라면 [골]이 와야 하지만, 고정단 반사이기 때문에 위상이 바뀌어서 [마루]가 되어 반사한다. 그리고 마지막 상태를 보면, 빛 A와 빛 B는 경로차가 없는데도 [마루]와 [골]로 만나기 때문에 상쇄간섭하는 결과가 된다. 이럴 때에는 다음처럼 간섭 조건식을 바꿔 넣어야 한다.

보강간섭
$$\Delta L = m\lambda + \frac{1}{2}\lambda$$

상쇄간섭
$$\Delta L = m\lambda$$

바꿔 넣었다

이처럼 고정단 반사의 경우에는 주의할 필요가 있다.

이미지로 익히는 자유와 고정

빛은 자유단 반사와 고정단 반사를 이미지로 암기하면 편리하다. 자유단 반사는 '밀'(밀도가 높은 매질)에서 '소'(밀도가 낮은 매질)인 반사이므로 위상이 바뀌지 않는다.

인구가 밀한 도시에 살던 사람이 인구가 적은 시골(소)에 놀러갔다가 다시 도시(밀)로 돌아왔다. 그는 시골에서 영향을 받지 않고 아무런 변화 없이 돌아왔다. 이것이 자유단 반사의 이미지이다(다음 그림).

　고정단 반사는 '소'에서 '밀'이 되는 반사이므로 위상이 바뀐다. 시골 (소)에 살던 사람이 도시(밀)에 놀러갔다가 시골(소)로 돌아왔다. 그는 도시에서 강한 영향을 받고 분위기가 확 바뀐다. 이것이 고정단 반사의 이미지이다(아래 그림).

박막간섭

"여기까지 잘 했어! 그럼 문제를 풀어볼까?"

"네! 잘 풀 수 있어요!"

박막의 경로차는 아래의 그림처럼 $\Delta L = 2d\cos r$ 이었다(197쪽).

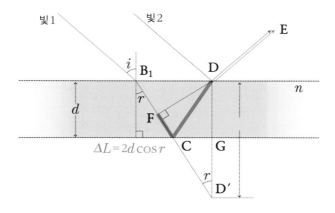

이 경로차는 막 속에 들어 있다. 밖으로 꺼내어 n을 곱해서 광로차로 바꿔보자.

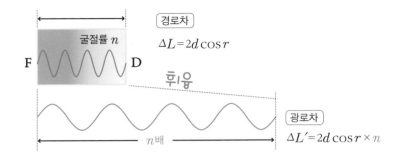

경로차

굴절률 n

F   D

$\Delta L = 2d \cos r$

휘읍

광로차

n배

$\Delta L' = 2d \cos r \times n$

마지막으로 반사에 주의!! 다음 그림처럼 '반사'하는 곳에 먼저 ◯를 표시한다. 빨간색 빛1은 C에서 반사하고 있다. 파란색 빛2는 D에서 반사하고 있다. 이것은 굴절과 헷갈리지 않게 하기 위해서이다. B_1에 ◯를 표시하는 사람이 많이 있겠지만 B_1은 '굴절'이므로 ◯를 표시해서는 안된다.

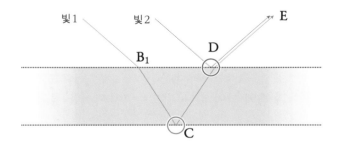

빛1   빛2   E

B_1 D

C

이번에는 C와 D의 반사가 자유단인지 고정단인지 확인해 보자.

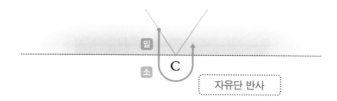

자유단 반사

위의 그림처럼 빛1의 C의 반사를 확인한다. 이 반사는 밀도가 '밀'인 유리에서 밀도가 '소'인 공기에서의 반사이다. '밀'에서 '소'인 경우의 위상은 그대로 자유단 반사이다.

이번에는 빛2의 점 D에서의 반사를 살펴보자. 아래의 그림을 보자.

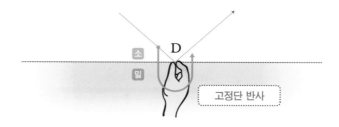

고정단 반사

D는 '소'에서 '밀'이 되는 반사이다. 이것은 시골에서 도시로의 고정단 반사이므로 위상이 바뀐다. 이 경우 위상의 변화가 있었던 것을 알 수 있도록 반사의 ◯ 안에 작게 o를 그려넣어 ◎로 만든다. 전체를 보면 ◎가 1개 표시되어 있다.

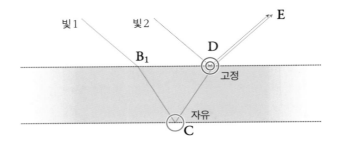

　이때 도중에 위상이 바뀌므로 간섭 조건식의 보강간섭과 상쇄간섭을
바꿔 넣는다.

보강간섭
$$2nd\cos r = m\lambda + \frac{1}{2}\lambda$$

상쇄간섭
$$2nd\cos r = m\lambda$$

바꿔 넣었다

완성!

　반사하는 경우에는 고정단 반사 ◎의 개수에 주의해야 한다. 이번처럼
◎의 수가 1개 또는 3개 등 홀수인 경우에는 한쪽 빛만 위상이 바뀌므로
간섭 조건식을 바꿔 넣는다. 또 ◎가 2개 등 짝수인 경우에는 바뀐 후에
다시 바뀌므로 조건은 통상 그대로 사용한다.

박막간섭의 조건식이 나타내는 것

이렇게 해서 박막간섭의 조건식이 완성되었다! 간섭 조건식을 보면 빛의 파장 λ(즉 색깔)에 의해 보강간섭하는 각도 r이 다른 것을 알 수 있다. 비눗방울 등의 박막에 들어간 흰색 태양광은 다양한 색깔의 빛을 포함하고 있다. 박막에서는 각각의 색깔마다 보강간섭하는 각도가 조금씩 달라지기 때문에 비눗방울에 들어간 빛이 색깔별로 나뉘어 무지개 색으로 빛나는 것이다.

간섭 조건식을 만드는 방법 1·2·3

간섭 조건식은 다음 3스텝으로 만들어간다.

● 간섭 조건식 1 · 2 · 3

① 그림을 그려 경로차 ΔL을 구한다.

② 물질 속으로 들어가면 굴절률 n을 곱해서 광로차로 바꾼다.

③ 반사에 ◯를 표시한다. 그리고 '소' ➡ '밀'의 반사에는 ◎를 표시한다. ◎가 홀수인 경우에는 조건식을 바꿔 넣는다.

보강간섭
$$\Delta L = \boxed{m\lambda + \frac{1}{2}\lambda}$$

상쇄간섭
$$\Delta L = \boxed{m\lambda}$$

바꿔 넣었다

쐐기형 간섭

유리판(현미경에 사용하는 프레파라트 등) 2장을 준비해서 오른쪽 그림처럼 포갠다. 오른쪽 끝에는 알루미늄 박 같은 얇은 물질을 끼우고, 왼쪽 끝은 고무줄로 고정한다. 그리고 위에서 나트륨램프를 비추면 줄무늬가 생긴다.

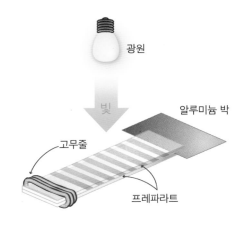

이것도 빛의 간섭 현상 중 하나이다. 두 빛의 경로를 추론하면 줄무늬가 왜 생기는지 알 수 있다. 다음 그림은 프레파라트의 단면도이다.

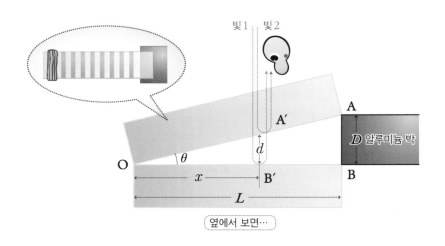

이 단면도의 모습이 쐐기형(V형)과 비슷하다고 해서 이 간섭을 '쐐기형 간섭'이라고 한다. 유리 끝을 O라고 하고, O에서 거리 x의 위치에서의 간섭 조건을 생각해 보자.

나트륨램프에서 나온 그림의 빨간색 빛1의 경로와, 파란색 빛2의 경로를 자세히 보자. 빛1은 첫 번째 유리판을 통과한 후 두 번째 유리판 윗면 B´에서 반사해서 돌아온다. 그에 반해 빛2는 첫 번째 유리판의 아랫면 A´에서 반사되어 돌아온다. 다른 경로를 거친 빛1과 빛2가 중첩됨으로써 빛의 간섭이 일어나는 것이다.

그러면 '빛의 간섭 1·2·3'을 이용해 쐐기형 간섭 조건식에 관해서 알아보자.

❶ 그림을 그려 경로차 ΔL을 구한다.

이 두 빛의 경로차는 빛1이 여분으로 진행한, A´ B´ A´가 갔다 온 왕복 분량이다. A´ B´의 길이를 d라고 하면 다음과 같다.

$$\Delta L = 2d \qquad \text{···식 ①}$$

d는 매우 작기 때문에 측정하기가 쉽지 않다. 그래서 유리판의 길이 L, 알루미늄박의 두께 D, O에서 관측하는 위치까지의 거리 x를 이용해서 d를 나타내 볼 것이다. 다음 그림을 보자.

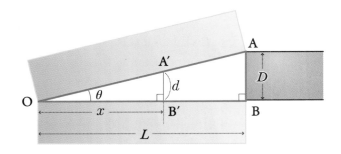

이 그림에서 두 직각삼각형 A′OB′와 AOB에 주목하자. 이 2개의 삼각형은 닮은꼴이므로 아래의 그림과 같은 비가 성립한다.

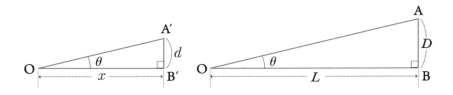

$$x : d = L : D$$

이 비율 식을 d에 대해서 풀면 다음과 같다.

$$d = \frac{Dx}{L}$$

이 d를 식 ①에 대입하면 ΔL은 다음과 같다.

$$\Delta L = \frac{2Dx}{L}$$

이렇게 d를 사용하지 않고 경로차를 나타낼 수 있다.

❷ 물질 속으로 들어가면 굴절률 n을 곱해서 광로차로 바꾼다.

경로차 ΔL은 공기 중에 있기 때문에 n을 곱할 필요가 없다.

❸ 반사에 ◯를 붙인다. 그리고 '소'→ '밀'의 반사에는 ◎를 붙인다. ◎가 홀수일 때에는 조건식을 바꿔 넣는다.

반사를 고려해서 간섭 조건식을 만들어간다. 먼저 반사면에 ◯를 표시한 뒤 '소'에서 '밀'인 고정단 반사에 ◯를 하나 더 표시해서 ◎로 만든다.

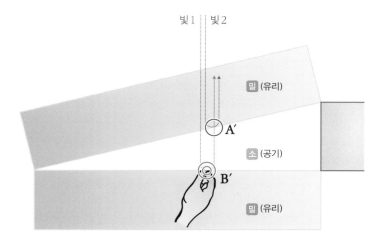

빨간색 빛 1이 B′에서 반사하는 경우 유리에 비해 밀도가 작은 공기(소)에서 유리(밀)로, '소'에서 '밀'로 반사되므로 ◎를 표시한다. 파란색 빛 2의 A′에서의 반사는 유리에서 공기, 즉 '밀'에서 '소'의 반사이므로 위상은 그대로 변하지 않는다. ○를 그대로 둔다.

◎가 하나 표시되었으니 간섭 조건식을 바꿔 넣자.

보강간섭	$\dfrac{2Dx}{L} = m\lambda + \dfrac{1}{2}\lambda$
상쇄간섭	$\dfrac{2Dx}{L} = m\lambda$

바꿔 넣었다

이렇게 해서 완성! 간섭 조건식으로 보는 장소의 위치 x에 따라 보강간섭하는 장소와 상쇄간섭하는 장소가 나타나는 것을 알 수 있었다. 그래서 쐐기형에는 보강간섭과 상쇄간섭의 명암인 줄무늬가 생기는 것이다.

뉴턴 링

마지막으로 뉴턴 링이라는 신기한 간섭무늬에 대해 알아보자.

다음 그림에서 보듯이 윗면이 평평하고, 아랫면이 구형으로 되어 있는 평철렌즈와 유리판을 포개어 장치를 만든다. 이 장치의 상부에서 나트륨 램프를 쪼이면 원형의 간섭무늬가 보인다. 이 둥근 간섭무늬를 뉴턴 링

(이름처럼 뉴턴이 발견했다)이라고 한다.

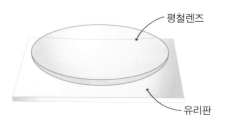

평철렌즈

유리판

뉴턴 링은 왜 만들어지는 것일까? '빛의 간섭 1·2·3'을 이용해 간섭 조건식을 만들면서 생각해 보자.

❶ 그림을 그려 ΔL을 구한다.

다음 그림을 보자.

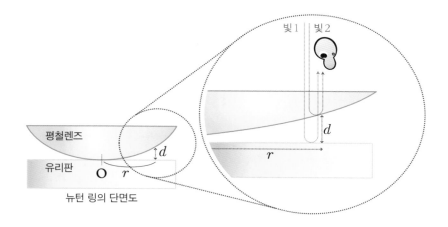

빛1　빛2

평철렌즈

유리판　O　r

뉴턴 링의 단면도

쐐기형 간섭과 마찬가지로, 뉴턴 링도 유리의 빈틈에 반사하는 두 줄의 빛의 경로가 포인트이다. 상부에서 위상을 맞춰서 진행해온 나트륨램프의 빛1과 빛2의 두 빛은, 빨간색 빛1이 평철렌즈를 통과해서 유리판 윗면에서 반사하고, 파란색 빛2가 평철렌즈의 아랫면에서 반사해서 되돌아간다. 서로 다른 경로를 거친 이 두 빛이 중첩되면서 빛의 간섭이 일어나는 것이다. 이때 빈틈의 두께를 d라고 하면 경로차 ΔL은 다음과 같다.

$$\Delta L = 2d \qquad \cdots 식 ①$$

뉴턴 링의 중심에서 경로차 $2d$는 0이지만, 중심에서 멀어질수록(r大) 조금씩 빈틈이 벌어진다. 따라서 어떤 빈틈의 간격에서는 보강간섭하기도 하고, 다른 간격에서는 상쇄간섭하면서 빛의 명암이 만들어진다. 여기까지는 쐐기형의 경우와 동일하다.

여기서 미세한 빈틈 d를 평철렌즈의 구면 반지름 R이나 중심 O에서의 반지름 r로 치환하고, 경로차 $2d$를 다른 글자로 나타내 보자.

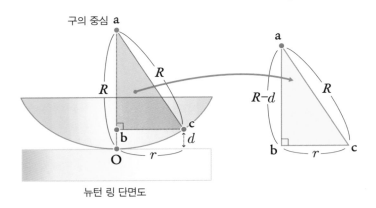

뉴턴 링 단면도

위의 그림와 같이 빛2가 반사한 점 c에서 수평으로 그은 선과, 평철렌즈의 구의 중심 a에서 내려 그은 연직선과의 교차점을 b라고 한다. 완성된 직각삼각형 abc를 꺼내어 보자. ac는 구의 반지름에 해당하므로 길이는 구면의 반지름인 R이 된다. 변 bc는 중심 O에서부터 r의 위치에서 관측한 것이므로 r이라고 한다. 또 변 ab의 길이는 aO(길이 R)에서

bO(길이 d)를 빼면 되므로 오른쪽 그림처럼 $R-d$가 된다.

직각삼각형 abc은 피타고라스의 정리에 의해서,

$$R^2 = (R-d)^2 + r^2$$

이 식을 전개하면,

$$R^2 = R^2 - 2Rd + d^2 + r^2$$

여기서 근사식을 사용한다.

근사식   **(극미한 것)$^2 = 0$**

예를 들어 작은 수 0.01을 제곱하면 더욱 작은 수인 0.0001이 된다. 이런 식으로 '극미한 것의 제곱'은 먼지만큼이나 작아서 무시해도 상관없다는 사고방식이다. 이 근사식을 사용하면 빈틈 d는 극미한 값이므로 d^2는 거의 0이 되어 사라진다.

근사

$$R^2 = R^2 - 2Rd + d^2 + r^2$$
거의 0

$$R^2 = R^2 - 2Rd + r^2$$

이 식을 d에 대해서 풀면,

$$d = \frac{r^2}{2R}$$

이 d를 식 ①에 대입하면 경로차는 다음과 같이 된다.

$$\boxed{\text{공식}} \qquad \Delta L = 2d = \frac{r^2}{R}$$

이렇게 해서 d를 사용하지 않고 경로차를 나타낼 수 있었다.

❷ **물질 속으로 들어가면 굴절률 n을 곱해서 광로차로 바꾼다.**

경로차 ΔL은 공기 중에 있으므로 광로차로 수정할(n을 곱할) 필요
가 없다.

❸ **반사에 ◯를 표시한다. 그리고 '소'➡'밀'의 반사에는 ◎를 표시한다.**
◎가 홀수일 때에는 조건식을 바꿔 넣는다.

반사하는 장소에 ◯를 표시한다.

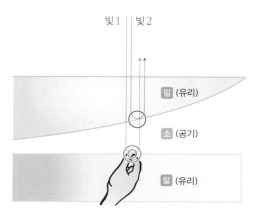

왼쪽 그림처럼 빨간색 빛1은 '소'에서 '밀'인 반사가 되므로 고정단 반사이다. ◎를 표시하자. 파란색 빛2는 '밀'에서 '소'인 반사가 되므로 자유단 반사이다. ○를 그대로 둔다. ◎가 1개밖에 없으므로 간섭 조건식을 바꿔 넣는다.

보강간섭

$$\frac{r^2}{R} = m\lambda + \frac{1}{2}\lambda$$

바꿔 넣었다

상쇄간섭

$$\frac{r^2}{R} = m\lambda$$

뉴턴 링의 간섭 조건식이 완성되었다.

뉴턴 링을 밑에서 관측하면 조건은 어떻게 될까?

뉴턴 링 장치의 상부에서 빛을 쪼이면서 밑에서 관측하면 간섭 조건식은 어떻게 될까? 두 장의 유리 틈새에서 일어나는 반사를 그려 보면 오른쪽 그림처럼 2줄의 빛 1, 빛 2가 중첩되어 간섭한다.

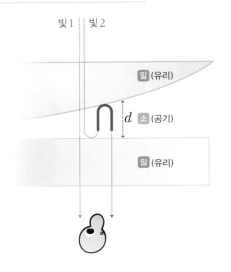

빛 1과 빛 2의 경로차는 빛 2의 왕복 분량인 $2d$이다. 오른쪽 그림처럼 빛 2의 두 개의 반사의 모습을 보면 틈새의 하부에서 '소'에서 '밀'인 고정단 반사, 상부에서도 '소'에서 '밀'인 고정단 반사가 된다.

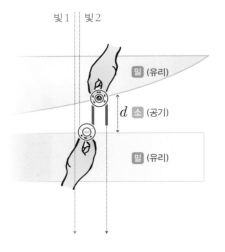

◎가 두 개가 되었다. 빛 2의 위상이 두 번 바뀌기 때문에 위상은 원래대로 돌아와 공기 중으로 나온다. 따라서 이 경우의 간섭 조건식은 다음과 같다.

보강간섭	$$\frac{r^2}{R} = m\lambda$$
상쇄간섭	$$\frac{r^2}{R} = m\lambda + \frac{1}{2}\lambda$$

이처럼 반드시 ◎의 개수를 센 후에 조건식을 만들어야 한다.

4교시는 여기까지이다. 간혹 쐐기형의 틈새 사이에 굴절률이 다른 액체를 흘려 넣는 등 변화를 주는 문제도 출제된다. 그럴 때에도 '빛의 간섭 1·2·3'(209쪽 참조)의 3스텝으로 간섭 조건식을 만들면 정답을 유도해 낼 수 있다. 그럼 이제 연습문제를 풀어보자.

● 빛의 간섭 1 · 2 · 3

① 그림을 그려 경로차 ΔL을 구한다.

② 물질 속으로 들어가면 굴절률 n을 곱해서 광로차로 바꾼다.

③ 반사에 ◯를 표시한다. 그리고 '소' ➡ '밀'의 반사에는 ◎를 표시한다. ◎가 홀수인 경우에는 조건식을 바꿔 넣는다.

보강간섭	$$\Delta L = \boxed{m\lambda + \frac{1}{2}\lambda}$$
상쇄간섭	$$\Delta L = \boxed{m\lambda}$$

바꿔 넣었다

회절격자

회절격자에 수직으로 가느다란 태양광선을 입사시키고 투과광을 스크린에 투영하자 그림과 같이 스크린 상에 1차(*m*=1) 회절광의 스펙트럼이 나타났다. 이때 빛의 색깔 배열 방법으로 가장 적당한 것을 다음의 ①~⑥ 중에서 하나 고르시오. 단 입사광선의 연장선이 스크린과 교차하는 위치는 P이다.

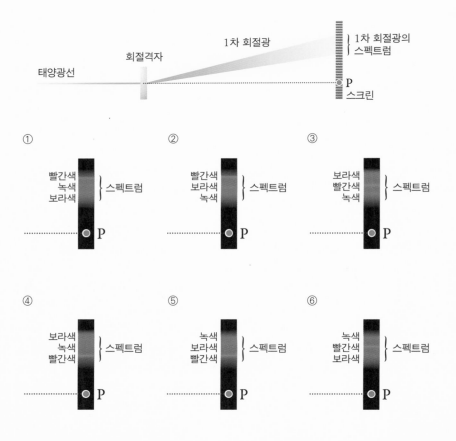

 −2009년 일본 수능 본시−

문제에 있는 '1차 회절광의 스펙트럼'이란 '$m=1$인 밝은 무지개 색의 띠'라는 의미이다. 무지개 색의 띠가 나타나는 이유는 무엇일까?

태양광선 같은 흰색의 빛은 다양한 색깔의 빛, 즉 파장 λ가 다른 빛을 포함하고 있다. 회절격자의 보강간섭 조건식을 써 보자.

$$d \sin\theta = m\lambda \qquad \cdots \text{식 ①}$$

식 ①에 1차 회절광이므로 $m=1$을 대입하여 $\sin\theta$에 관해 풀어보자.

$$\sin\theta = \frac{\lambda}{d} \qquad \cdots \text{식 ②}$$

이 식에서 $\sin\theta$과 λ는 비례관계에 있기 때문에 파장 λ가 커질수록 $\sin\theta$도 커지는 것을 알 수 있다. 또 $0 \sim 90°$의 범위에서는 오른쪽 그림처럼 $\sin\theta$가 커지면 커질수록 각도 θ도 커진다.

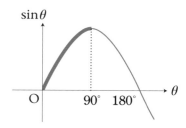

따라서 아래의 그림처럼 파장 λ가 작은 보라색 빛일수록 $\sin\theta$가 작아져서 작은 각도로 보강간섭한다. 또 파장 λ가 큰 빨간색 빛일수록 $\sin\theta$가 커져서 큰 각도로 보강간섭한다. 이렇게 색깔에 따라 보강간섭하는 장소가 조금씩 어긋나기 때문에 빛의 색깔이 나뉘어 띠가 만들어지는 것이다.

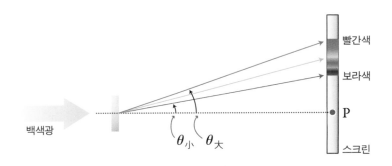

답은 위는 빨간색이고 아래가 보라색인 ①번.

 ①

영의 실험

그림1과 같이 슬릿 S_0에서 나온 파장 λ의 단색광을 간격이 d인 두 개의
슬릿 S_1, S_2에 비추고, 거리 L만큼 떨어진 스크린에 생기는 빛의 명암 줄무늬
를 관찰한다. 이때 S_1과 S_2는 S_0에서 등거리에 있고, 스크린상 x축의 원점
$O(x=0)$는 S_1, S_2에서 등거리의 위치이다. 단 L은 d에 비해 충분히 길다.

그림1

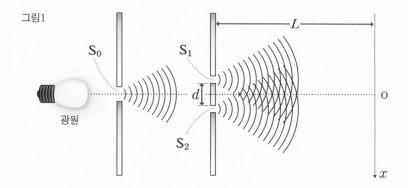

문제 1 스크린상에 비친 빛의 명암 줄무늬를 나타내는 그림으로 가장
적당한 것을 다음 ①~④ 중 하나 고르시오.

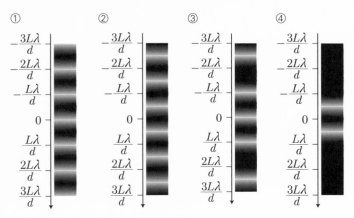

문제 2 **그림 2**와 같이 슬릿 S_0을 화살표 방향으로 움직이자 스크린상에
비치는 명암 줄무늬의 위상이 이동했다. 원점 O의 위치가 명암
이 되는 조건을 충족시키는 것을 다음 ①~④ 중 하나 고르시오.
단 슬릿 S_0에서 S_1, S_2까지의 거리를 각각 L_1, L_2라고 한다.

그림 2

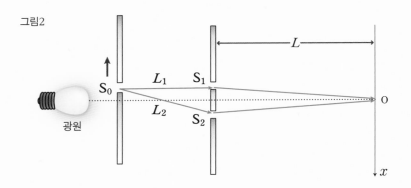

① $L_2 - L_1 = \lambda$ ② $L_2 - L_1 = \dfrac{5}{4}\lambda$

③ $L_2 - L_1 = \dfrac{3}{2}\lambda$ ④ $L_2 - L_1 = \dfrac{7}{4}\lambda$

해답 1 영의 실험에서 보강간섭할 때의 조건식은 다음과 같다.

보강간섭

$$\frac{dx}{L} = m\lambda$$

보강간섭하는 빛의 장소를 알기 위해서 x에 대해서 풀면 다음과 같다.

$$x = \frac{L}{d} m\lambda$$

$m = 0, 1, 2, 3, \cdots$에 대입하면 보강간섭하는 장소 x는 다음과 같다.

$m = 0$일 때 $\rightarrow$ $x = 0$

$m = 1$일 때 $\rightarrow$ $x = \dfrac{L}{d}\lambda$

$m = 2$일 때 $\rightarrow$ $x = \dfrac{2L}{d}\lambda$

$m = 3$일 때 $\rightarrow$ $x = \dfrac{3L}{d}\lambda$

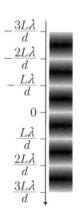

이 x를 그림에 대입하면 오른쪽처럼 되므로 답은 ①번.

문제 **1**의 정답 　①

해답 2 처음 상태에서는, 점 $O(x=0)$에서는 두 빛의 경로가 정확히 같아지기 때문에 $\Delta L=0$에서 밝아진다. 즉 명선이 나타난다. 하지만 S_0을 위로 움직이면 S_1O와 S_2O의 거리는 변하지 않지만, S_0S_1(그림의 L_1)과 S_0S_2(그림의 L_2)의 경로에 차이가 생긴다.

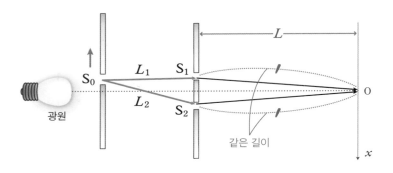

S_0을 위로 움직이면 L_2 쪽의 경로가 길어지므로 $\Delta L=L_2-L_1$이다. 따라서 암선이 되는 간섭 조건식은 다음과 같다.

$$L_2-L_1=m\lambda+\frac{1}{2}\lambda$$

경로차에 반파장 $\left(\dfrac{1}{2}\lambda\right)$이 남을 것이다. ①~④의 선택지를 '파장의 정수배$+\alpha$'의 형태로 고치면 다음과 같다.

$$① \quad \lambda \quad \rightarrow \quad \lambda+0$$

$$② \quad \frac{5}{4}\lambda \quad \rightarrow \quad \lambda+\frac{1}{4}\lambda$$

$$③ \quad \frac{3}{2}\lambda \quad \rightarrow \quad \lambda+\frac{1}{2}\lambda$$

$$④ \quad \frac{7}{4}\lambda \quad \rightarrow \quad \lambda+\frac{3}{4}\lambda$$

반파장 $\left(\dfrac{1}{2}\lambda\right)$이 남는 것은 ③이다.

문제 **2**의 정답   ③

쐐기형 간섭

그림과 같이 두 장의 투명한 유리판 한쪽 끝을 점 O의 위치에서 포개고, 다른 끝 가까이에 있는 점 P에 알루미늄박을 끼운 상태에서 위쪽에서 파장 λ의 단색광을 쪼였다. 단 공기의 절대굴절률은 1이다.

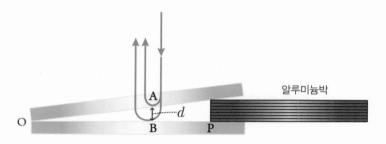

문제 1 유리판 위에서 보면, 위쪽 유리판 아랫면의 점 A에서의 반사광과 아래쪽 유리판 윗면의 점 B에서의 반사광의 간섭에 의한 명선이 보인다. 점 A와 점 B의 거리 d와 파장 λ의 관계식으로 옳은 것을 ①~④ 중에서 하나 고르시오. 단 $m = 0, 1, 2, 3, \cdots$이다.

① $d = \lambda(m+1)$

② $d = \lambda\left(m+\dfrac{1}{2}\right)$

③ $d = \dfrac{\lambda}{2}(m+1)$

④ $d = \dfrac{\lambda}{2}\left(m+\dfrac{1}{2}\right)$

문제 2 점 P에 끼우는 알루미늄박의 매수를 N이라고 했을 때 명선의 간격은 D였다. 이때 알루미늄박을 한 장 증가시키면 명선의 간격은 얼마가 되는가? 옳은 답을 ①~⑥ 중에서 하나 고르시오.

① $\sqrt{\dfrac{N}{N+1}}D$ ② $\dfrac{N}{N+1}D$ ③ $\left(\dfrac{N}{N+1}\right)^2 D$

④ $\sqrt{\dfrac{N+1}{N}}D$ ⑤ $\dfrac{N+1}{N}D$ ⑥ $\left(\dfrac{N+1}{N}\right)^2 D$

문제 3 절대굴절률 n인 투명한 액체로 유리판의 빈틈을 메운다. 이때 OP 사이의 명선의 간격에 대한 기술로 바른 것을 ①~⑤ 중에서 하나 고르시오. 단 n은 유리의 절대굴절률보다 작고 1보다 크다.

① 명선의 간격에는 변화가 없다.

② 액체 속에서 빛의 파장은 $n\lambda$이 되므로, 명선의 간격은 증가한다.

③ 액체 속에서 빛의 파장은 $n\lambda$이 되므로, 명선의 간격은 감소한다.

④ 액체 속에서 빛의 파장은 $\dfrac{\lambda}{n}$이 되므로, 명선의 간격은 증가한다.

⑤ 액체 속에서 빛의 파장은 $\dfrac{\lambda}{n}$이 되므로, 명선의 간격은 감소한다.

해답 1 '빛의 간섭 1 · 2 · 3'(209쪽)을 이용해서 풀면 된다. 점 B에서 반사하는 빛은 점 A에서 반사하는 빛보다 여분으로 AB 사이를 왕복하므로 경로차는 $2d$가 된다(스텝 ①). 이 경로차는 물질로 들어가지 않으므로 광로차로 수정할 필요는 없다(스텝②). 반사를 확인한다. 반사하는 장소는 A와 B이다. ◯를 표시해 두자. A의 반사는 '밀'에서 '소'인 반사이므로 ◯는 그대로 둔다. B의 반사는 '소'에서 '밀'인 반사이므로 위상이 바뀐다. 오른쪽 그림처럼 작은 ○를 하나 표시해서 ◎로 만든다(스텝 ③).

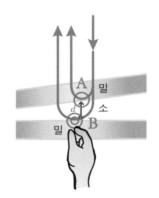

◎의 개수가 홀수이므로 조건식은 통상의 조건식을 바꾼 형태가 된다.

보강간섭의 조건	$2d = m\lambda + \dfrac{1}{2}\lambda$	…식 ①
상쇄간섭의 조건	$2d = m\lambda$	…식 ②

문제에서 보강간섭 조건식 ①을 d에 대해서 풀어 정리하면,

$$d = \frac{\lambda}{2}\left(m + \frac{1}{2}\right)$$

정답은 ④번.

 문제 1의 정답 ④

해답 2 먼저 명선이 나오는 위치 x를 구한 후에 명선의 간격 D를 생각한다. 다음 그림처럼 원점 O에서 일정 장소로 나온 명선까지의 거리를 x, OP의 거리를 L이라고 한다. 또 알루미늄박 한 장의 두께를 a라고 하면, 알루미늄박 N장의 두께는 Na라고 나타낼 수 있다. 이것이 CP 사이의 길이이다.

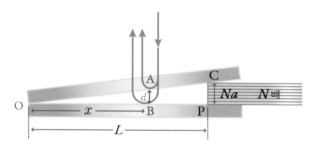

또 위의 그림처럼 △AOB와 △COP는 닮은꼴이므로 ,

$$x : d = L : Na \qquad d = \frac{Nax}{L}$$

라고 나타낼 수 있다. 이 d를 식 ①, 식 ②의 조건식에 대입하면,

보강간섭의 조건 $\qquad \dfrac{2Nax}{L} = m\lambda + \dfrac{1}{2}\lambda \qquad$ ⋯식 ①′

상쇄간섭의 조건 $\qquad \dfrac{2Nax}{L} = m\lambda \qquad$ ⋯식 ②′

보강간섭 조건식 ①'를 명선에서 나오는 장소 x에 대해서 풀면 다음과 같다.

$$x = \frac{L}{2Na}\left(m\lambda + \frac{1}{2}\lambda\right) \qquad \cdots \text{식 ①″}$$

이렇게 해서 명선의 장소 x를 알아냈다. 이번에는 명선과 명선의 간격을 알아보자. 원점 O에서 가장 끝에 있는 명선의 위치 x_0은 식 ①″에 $m = 0$을 대입하면 다음과 같다.

$$x_0 = \frac{L\lambda}{4Na}$$

그 옆에 있는 명선의 위치 x_1은 식 ①″에 $m = 1$을 대입하면 다음과 같다.

$$x_1 = \frac{3L\lambda}{4Na}$$

아래 그림에 그 위치를 표시했다.

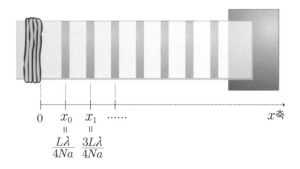

명선과 명선의 간격 D는 x_1에서 x_0을 뺀 값이므로,

$$D = x_1 - x_0 = \frac{2L\lambda}{4Na} = \frac{L\lambda}{2Na} \qquad \cdots 식 ③$$

으로 나타낼 수 있다. 알루미늄박을 1장 증가시켰을 때 명선의 간격 D'를 알아보자. 식 ③의 N에 $N+1$을 대입하면 다음과 같다.

$$D' = \frac{L\lambda}{2(N+1)a} \qquad \cdots 식 ④$$

답의 선택지에서는 N과 D밖에 사용하지 않았으므로 $\dfrac{L\lambda}{a}$을 바꿔 넣는다. 식 ③을 변형하면 $\dfrac{L\lambda}{a} = 2ND$가 되고, 이것을 식 ④에 대입하면 다음과 같다.

$$D' = \frac{N}{N+1} D$$

정답은 ②가 된다.

문제 **2**의 정답 ②

해답 3 명선의 간격을 나타낸 식 ③을 보면서 액체를 넣었을 때 D의 변화 모습을 생각해 보자. 굴절률은 감소율이다. 굴절률 n인 액체를 유리판 속에 넣으면 그 속의 빛의 파장 λ는 $\dfrac{\lambda}{n}$로 짧아진다. 이때 줄무늬의 간격을 D''라고 하면 D''는 파장이 $\dfrac{\lambda}{n}$이 되므로 다음과 같다.

$$D'' = \frac{L}{2Na}\lambda \qquad \frac{\lambda}{n}$$
$$= \frac{L}{2Na}\frac{\lambda}{n}$$

식 ③에 의해서 $D = \dfrac{L\lambda}{2Na}$이므로,

$$D'' = \frac{1}{n} \times D$$

D''와 D를 비교하면 $\dfrac{1}{n}$만큼 D''가 짧아지는 것을 알 수 있다(n은 1보다 크다). 따라서 선택지 ⑤ '액체 속에서 빛의 파장은 $\dfrac{\lambda}{n}$이 되므로 명선의 간격은 감소한다' 가 옳은 답이다.

문제 3의 정답 ⑤

4교시 정리

'빛의 간섭 1 · 2 · 3'을 이용하면 모든 문제에 대응할 수 있다.

• 빛의 간섭 1 · 2 · 3 •

① 그림을 그려 경로차 ΔL을 구한다.

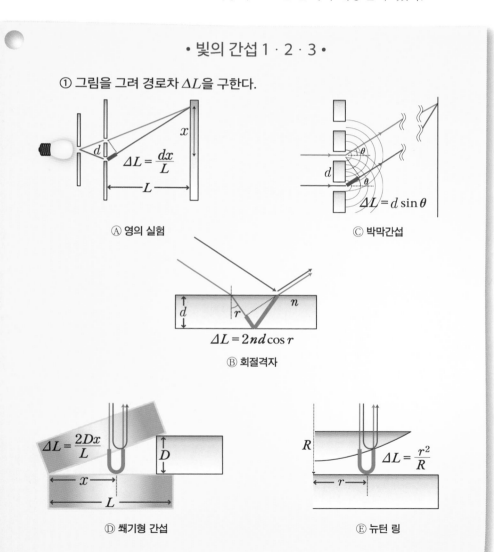

$$\Delta L = \frac{dx}{L}$$

Ⓐ 영의 실험

$$\Delta L = d \sin \theta$$

Ⓒ 박막간섭

$$\Delta L = 2nd \cos r$$

Ⓑ 회절격자

$$\Delta L = \frac{2Dx}{L}$$

Ⓓ 쐐기형 간섭

$$\Delta L = \frac{r^2}{R}$$

Ⓔ 뉴턴 링

② 물질 속으로 들어가면 굴절률 n을 곱해서 광로차로 바꾼다.

③ 반사에 ◯를 표시한다. 그리고 '소' ➡ '밀'의 반사에는 ◎를 표시한다. ◎가 홀수인 경우에는 조건식을 바꿔 넣는다.

보강간섭 $\Delta L = \boxed{m\lambda + \dfrac{1}{2}\lambda}$

상쇄간섭 $\Delta L = \boxed{m\lambda}$

바꿔 넣었다

보충수업

0부터 시작하는
파동 식 만드는 방법

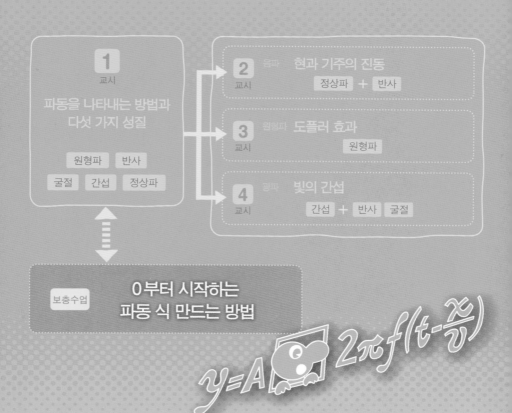

1 교시		
파동을 나타내는 방법과 다섯 가지 성질		
원형파 반사		
굴절 간섭 정상파		

2 교시	음파	**현과 기주의 진동**
		정상파 + 반사

3 교시	원형파	**도플러 효과**
		원형파

4 교시	광파	**빛의 간섭**
		간섭 + 반사 굴절

보충수업	**0부터 시작하는 파동 식 만드는 방법**

$y = A\ 2\pi f(t - \frac{x}{v})$

들어가며

파동의 이해를 돕기 위해서 구불구불 움직이는 파동을 수식으로 나타내 보자. sin이나 cos, 새로운 기호가 나오는 등 어려울 것이다. 파동 식을 만들 수 있게 되면, 파동의 범위를 넘어서 역학인 등속원운동이나 전기 교류 등 한걸음 더 나아간 물리의 이해에 도움이 될 것이다. 기초 중의 기초부터 설명해 놓았다.

사인 · 코사인이란?

sin이나 cos은 직각삼각형의 각 변의 길이를 이용해서 정의된다. 다음 그림처럼 직각삼각형의 변의 길이를 A, B, C라고 하고, 이 중에서 길이가 가장 긴 A의 변을 빗변이라고 한다. 길이가 A인 빗변과 길이가 B인 밑변의 각도를 θ라고 하면, sin이나 cos은 아래의 왼쪽 그림처럼 정의된다.

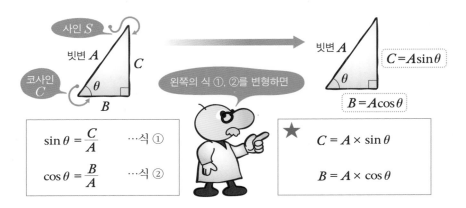

사인 S

빗변 A

C

코사인 C

θ

B

$$\sin \theta = \frac{C}{A} \quad \cdots \text{식 ①}$$

$$\cos \theta = \frac{B}{A} \quad \cdots \text{식 ②}$$

왼쪽의 식 ①, ②를 변형하면

빗변 A

$C = A\sin\theta$

θ

$B = A\cos\theta$

★ $C = A \times \sin\theta$

$B = A \times \cos\theta$

고교물리에서는 각도와 빗변을 알려주고 다른 변의 길이를 구하는 문제가 많이 출제된다. 그래서 ★식과 같은 형태로 식을 외워 두면 편리하다.

아래의 그림은 $30°, 45°, 60°$의 대표적인 직각삼각형의 sin이나 cos의 값을 나타내고 있다.

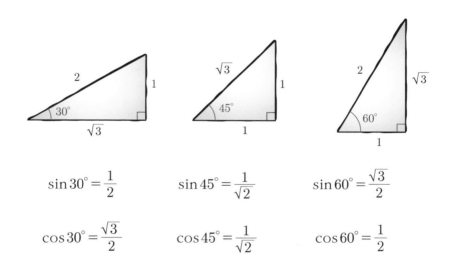

$$\sin 30° = \frac{1}{2} \qquad \sin 45° = \frac{1}{\sqrt{2}} \qquad \sin 60° = \frac{\sqrt{3}}{2}$$

$$\cos 30° = \frac{\sqrt{3}}{2} \qquad \cos 45° = \frac{1}{\sqrt{2}} \qquad \cos 60° = \frac{1}{2}$$

이 직각삼각형들의 대표적인 sin이나 cos의 값이 즉시 나올 수 있도록 연습해 두자. 예를 들어 'sin 30°는?'이라는 질문에 '$\frac{1}{2}$'라는 대답이 바로 나와야 한다.

그런데 직각삼각형에서 정의된 sin이나 cos이 파동의 이해에 필요한 이유는 무엇일까? 그것은 sin이나 cos을 이용하면 '파동의 형태'를 나타낼 수 있기 때문이다.

사인 · 코사인과 파동의 관계

여기서 아래 그림과 같이 원점을 중심으로 한 반지름이 A인 원을 상상하여 일정한 속도로 원 위를 빙글빙글 도는 공을 예로 들어 설명해 보자.

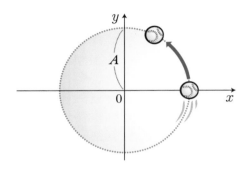

오른쪽 그림처럼 일정 장소(각도 θ인 위치)에 공이 왔을 때를 생각해 보자. 여기에 직각삼각형을 만들면 x축상에서 공의 위치는 $A\cos\theta$, y축상에서 공의 위치는 $A\sin\theta$가 되는 것을 알 수 있다. 예를 들어 오른쪽 아래의 그림처럼 $\theta=30°$일 때의 y축상의 위치는 $A\sin30°$이므로,

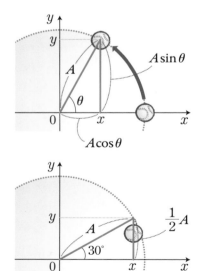

$$y = A \times \sin 30° = \frac{1}{2}A$$

이 된다. 마찬가지로 $45°$, $60°$도 계산해 보면 아래의 그림처럼 된다.

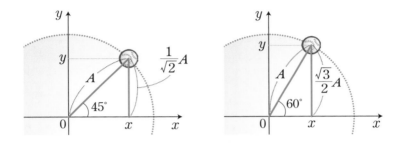

아래 그림은 공이 일주하는 모습을 $30°$마다 구분하여 0~11번 공으로 나타낸 것이다. 그리고 이 공의 높이(y축상의 위치$=A\sin\theta$)에 주목하여 높이만 오른쪽으로 꺼내었다.

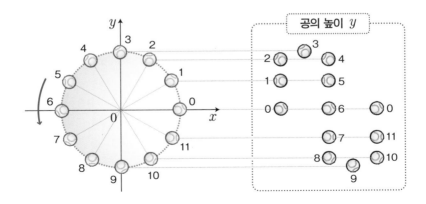

공의 높이(그림 오른쪽)를 보면, 원점에서 위로 갔다가(0~3), 아래로 내

려왔다가(3~9), 다시 원점으로 돌아가는 모습(9~0)이 보인다. 여기서 가
로축에 각도 θ를 취해서, 각각의 각도에 있을 때 공의 높이를 살펴보자.

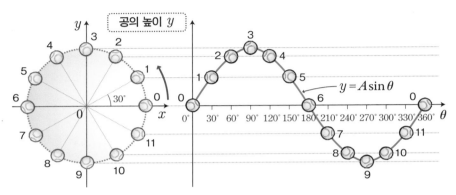

"앗! 파동의 형태가 됐다!"

파동의 형태를 한 이 선은 공의 높이
를 나타내는 $y = A\sin\theta$ 그래프이다.
즉 $\sin$은 파동의 형태를 나타낸다.

그렇다면 $\cos$도 $\sin$처럼 파동
을 나타내는 것일까? 공의 x축 위치
($A\cos\theta$)를 보자. 각도 θ와 x축상에서
공의 위치를 그래프로 나타내면 오른
쪽 그림과 같다.

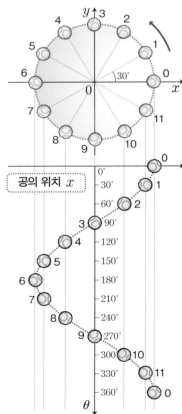

세로로 되어 있어 알기 어려우니 가로로 시계 반대 방향으로 $90°$ 회전시켜 보면,

"아, 또 파동의 형태가 되었어!"

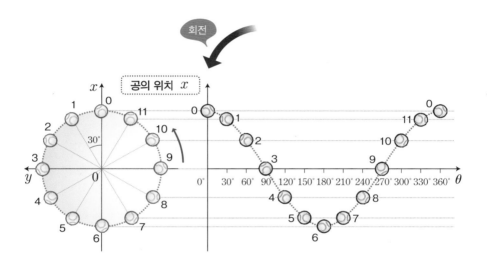

파동의 형태를 한 이 선은 공의 위치 $A\cos\theta$를 나타내는 $x=A\cos\theta$ 그래프이다. $\cos\theta$도 파동의 형태를 나타내고 있는 것이다. $\sin$과 다른 점은 $\sin$은 시작 지점이 '원점부터'이고, $\cos$은 '마루부터'라는 것이다. 즉 $\sin$이나 $\cos$은 똑같은 원운동을 다른 지점에서 보았던 것뿐이다.

각도와 라디안

여기서 rad(라디안)라는 새로운 단위를 소개한다. sin이나 cos 등 삼각함수의 각도 θ에는 rad라는 단위를 사용한다. 이것은 360°(1바퀴)를 '2π'로 나타내는 표기법이다. 절반인 π는 180°를 의미한다. 아래의 그림에서는 라디안 표기와, 그때의 sin이나 cos의 값을 정리했다. 익숙해지기 전까지는 이 표를 보면 된다.

파동 1개는 2π에 해당한다.

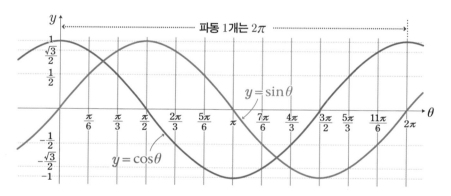

°	0°	30°	60°	90°	120°	150°	180°	210°	240°	270°	300°	330°	360°
rad	0	$\frac{\pi}{6}$	$\frac{\pi}{3}$	$\frac{\pi}{2}$	$\frac{2\pi}{3}$	$\frac{5\pi}{6}$	π	$\frac{7\pi}{6}$	$\frac{4\pi}{3}$	$\frac{3\pi}{2}$	$\frac{5\pi}{3}$	$\frac{11\pi}{6}$	2π
sin	0	$\frac{1}{2}$	$\frac{\sqrt{3}}{2}$	1	$\frac{\sqrt{3}}{2}$	$\frac{1}{2}$	0	$-\frac{1}{2}$	$-\frac{\sqrt{3}}{2}$	-1	$-\frac{\sqrt{3}}{2}$	$-\frac{1}{2}$	0
cos	1	$\frac{\sqrt{3}}{2}$	$\frac{1}{2}$	0	$-\frac{1}{2}$	$-\frac{\sqrt{3}}{2}$	-1	$-\frac{\sqrt{3}}{2}$	$-\frac{1}{2}$	0	$\frac{1}{2}$	$\frac{\sqrt{3}}{2}$	1

파동의 네 가지 유형

파동에 자주 등장하는 '네 가지 유형'을 외워 두자.

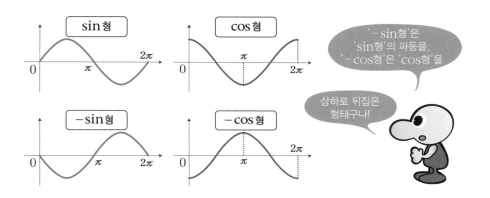

y-x 그래프와 파수 k

그럼 이제 sin이나 cos 등의 삼각함수를 이용해서 '파동'을 나타내는 수식을 알아보자. 예를 들어 아래 그림 같은 파동이 있다고 가정하자.

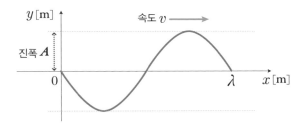

파동의 형태는 네 가지 유형 중에서 '−sin형'이다. sin이나 cos 등 삼각함수의 θ 안에는 라디안 단위 [rad](또는˚)를 넣는 것이 규칙이다(예를 들어 $\sin 2\pi$ 등). x의 단위는 미터[m]이므로,

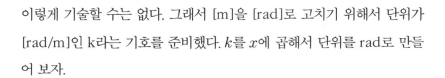

$$y = -A\sin\boxed{x} \qquad \textbf{✗}$$

이렇게 기술할 수는 없다. 그래서 [m]을 [rad]로 고치기 위해서 단위가 [rad/m]인 k라는 기호를 준비했다. k를 x에 곱해서 단위를 rad로 만들어 보자.

$$\boldsymbol{k}[\text{rad/m}] \times \boldsymbol{x}[\text{m}] = \boldsymbol{kx}[\text{rad}]$$

단위가 라디안이 되었으므로 kx를 sin 안에 넣을 수 있다.

$$y = -A\sin\boxed{kx} \qquad \textbf{●}$$

이것이 앞에서 나온 $y-x$ 그래프의 파동을 나타내는 식이다.

여기서 k에 대해 살펴보자. 아래의 그림을 보자.

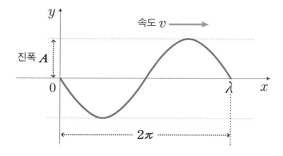

x에 λ가 들어갔을 때 파동 1개 분량을 나타내므로, 삼각함수의 내용물인 kx는 2π가 될 필요가 있다. 따라서 k는 다음과 같이 정의할 수 있다.

$$y = -A\sin \boxed{k\,x}$$

① λ

② 2π

x에 λ를 대입하면(①), kx는 2π가 되므로(②),

$$k\lambda = 2\pi$$

이것을 k에 관해서 풀면 다음과 같다.

공식

$$k = \frac{2\pi}{\lambda}$$

이것이 k의 내용물이다. k를 파수라고 한다.

$y - t$ 그래프와 각속도 ω

'일정 장소의 매질의 시간 변화를 나타내는 $y - t$ 그래프'를 $y - x$ 그래프와 마찬가지로 수식으로 나타내 보자. 예를 들어 다음 그림처럼 시간 변화를 하는 매질을 살펴보자.

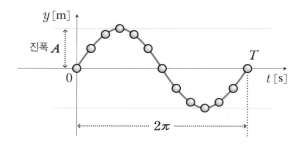

그래프의 형태를 보면 'sin형'이다. $y-x$ 그래프와 같은 방식으로 생각하면 $y-t$ 그래프는 다음 식으로 나타낼 수 있다.

$$y = A\sin \boxed{\omega t}$$

sin 안에는 라디안 단위가 들어가야 한다. $y-x$ 그래프의 경우와 마찬가지로 단위가 [rad/s]인 ω(오메가)라는 기호를 준비하고 t에 곱해서 t의 단위 [s]를 [rad]로 바꾸었다.

$$\omega[\text{rad/s}] \times t[\text{s}] = \omega t[\text{rad}]$$

ω의 내용물은 어떻게 될까? 앞 페이지의 $y-t$ 그래프를 다시 보자. 정확히 시간 t가 주기 T가 됐을 때 2π가 된다. 즉 $t=T$일 때, 삼각함수의 내용물은 2π가 되어야 하므로 다음과 같다.

$$y = A \sin \boxed{\omega\, t} \begin{array}{l} \cdots\cdots ① \: T \\ \\ \cdots\cdots\rightarrow ② \: 2\pi \end{array}$$

t에 T를 대입하면(①), ωt는 2π가 되므로(②)

$$\omega T = 2\pi$$

ω에 대해서 풀면 다음과 같은 식이 나온다.

공식
$$\omega = \frac{2\pi}{T}$$

ω를 각속도라고 한다. 또 $T = \dfrac{1}{f}$ 를 사용해서 T를 주파수 f로 치환한 다음 형태도 함께 기억해 두자.

공식
$$\omega = \frac{2\pi}{T} = 2\pi f$$

움직이는 파동 식을 만드는 방법

이렇게 해서 파동의 식을 준비하는 일은 끝났다. 그럼 이제 '시간에 따라 움직이는, 모든 장소의 파동 식'을 만들어 보자. 파동의 형태($y-x$ 그래프)는 시간에 따라 움직인다. 그리고 각 파동을 만드는 매질은 상하로 진동하고, 그 진동은 위치마다 조금씩 어긋난다($y-t$ 그래프). 이렇게 복잡한 움직임을 하는 파동의 현상을 하나의 수식으로 정리해 보자.

다시 한 번 파동의 움직임과 매질의 움직임을 보면서 생각해 보자.

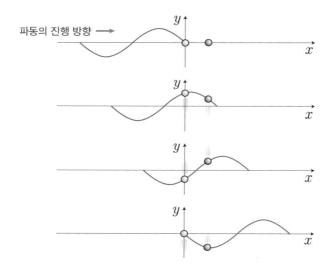

이 그래프는 흰 공은 원점에 있고, 파란 공은 조금 떨어진 곳의 매질을 나낸 것이다. 여기에 파동이 진행해 왔다. 그러자 2개의 공은 오른쪽 페이지의 그림처럼 순서대로 처음에는 흰 공이 상하로, 그 다음에는 파란 공이 상하로 진동하기 시작한다.

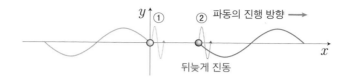

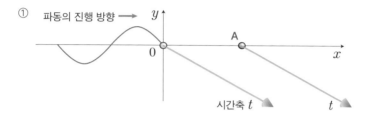

흰 공과 파란 공의 높이의 시간 변화를 알 수 있도록 순서대로 시간축 (t축)을 당겨서 다시 그림을 보자.

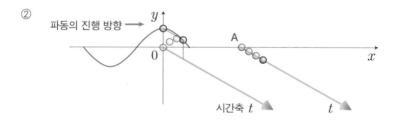

파동이 원점으로 들어온다.

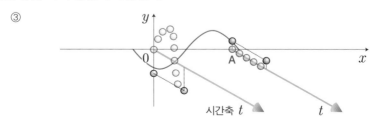

먼저 원점에 있는 흰 공이 진동을 시작한다.

파란 공은 아직 진동하지 않는다.

③

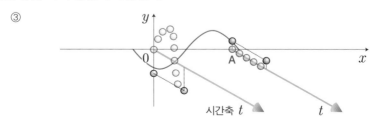

④

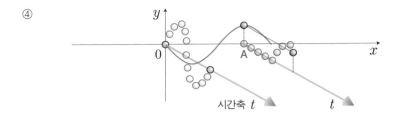

파동 1개가 원점을 통과하면 흰 공은 1회 진동한다.

파란 공이 있는 위치 A에도 파동이 도달했기 때문에 진동을 시작한다.

⑤

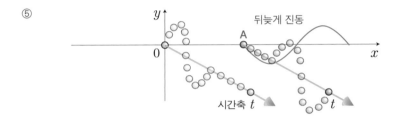

파동이 원점을 통과하자 파란 공이 흰 공과 마찬가지로 1회 진동한다.

이처럼 원점에 있는 흰 공이 먼저 진동을 시작하고, 시간차를 두고 점 A
의 파란 공이 흰 공처럼 진동을 시작한다는 것을 알 수 있다. 이것은 즉….

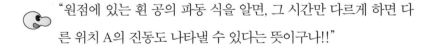
"원점에 있는 흰 공의 파동 식을 알면, 그 시간만 다르게 하면 다
른 위치 A의 진동도 나타낼 수 있다는 뜻이구나!!"

그렇다. 원점에 있는 흰 공의 식을 만들고(스텝 ①), 시간을 어긋나게 해
서(스텝 ②), 어떤 장소 x에 있는 파란 공의 식을 만들 수 있다.

스텝 ❶ 원점에 있는 공의 식

원점의 흰 공은 어떻게 움직이는 것일까? 원점 $y-t$ 그래프를 꺼낸 것이 아래의 그림이다.

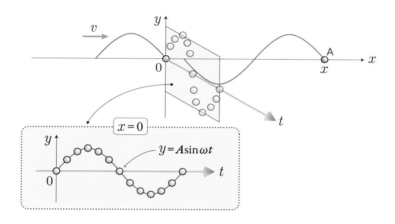

그림을 보면 이번 파동의 경우, 원점의 공은 sin형의 진동을 하고 있다. 따라서 $y=A\sin \omega t$로 나타낼 수 있다.

스텝 ❷ 파란 공의 식

원점에 있는 흰 공을 진동시킨 파동은 다른 장소 A에 있는 파란 공에도 같은 진동을 일으킨다. 다음 그림을 보자.

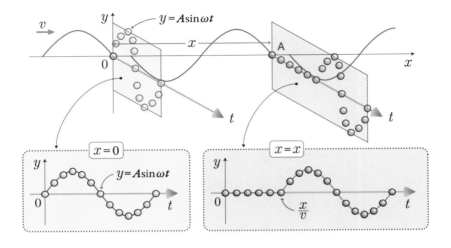

파동의 속도를 v라고 하고 파란 공의 원점에서 거리를 x라고 했을 때, 파동의 선두가 파란 공에 도달한 시간은 원점을 출발한 지 $\frac{x}{v}$초 후이다. 따라서 $\frac{x}{v}$초 후에 파란 공은 원점의 흰 공과 똑같은 진동을 시작한다.

이것은 곧 일정 위치 A에 있는 파란 공의 파동 식은 흰 공의 식($y = A\sin\omega t$)을 $\frac{x}{v}$초만큼 시간적으로 늦추면 된다. 즉 오른쪽으로 $\frac{x}{v}$초 이동시키면 된다는 것을 뜻한다.

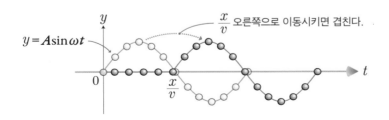

오른쪽으로 $\dfrac{x}{v}$ 초만큼 이동시키기 위해서는 $y=A\sin\omega t$의 변수 't'를 '$t-\dfrac{x}{v}$'로 치환해야 하므로 파란 공의 진동을 나타내는 식은 다음과 같다.

$$y=A\sin\omega\left(t-\frac{x}{v}\right)$$

이것이 파동의 기본 공식이다. 일정 장소 x에 대해서 매질의 시간 변화를 나타내는 파동 식이 완성되었다!

"잠깐만!! 오른쪽으로 움직이는 거니까 t에 $\dfrac{x}{v}$ 을 더하면 되잖아?"

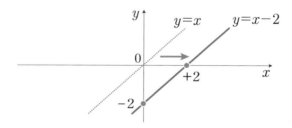

예를 들어 바로 위 그림처럼, $y=x$ 그래프를 오른쪽으로 2만큼 어긋나게 한 식은, $y=x+2$가 아니라 $y=x-2$이다.

즉 그래프를 오른쪽으로 움직이고 싶다면, 'x'를 '$x-$움직이고 싶은 숫자'로 치환하면 된다.

파동 식의 의미

파동의 기본공식은 다음과 같다.

$$\boxed{\text{파동의 기본공식}} \quad y = A \boxed{} \omega\left(t - \frac{x}{v}\right)$$

※ □의 안에는 네 가지 유형(247쪽 참조)이 들어간다

이 식의 변수는 y, x, t 이렇게 3개이다. 이 식에 매질의 장소 x나 시간 t를 대입하면 그 매질의 높이 y가 나온다. 3개의 변수가 있는 수식은 고교수학에서도 별로 다루지 않는다. 이 식이 나타내는 것을 이미지화하기 위해서 식을 컴퓨터로 그려 보면 아래와 같다.

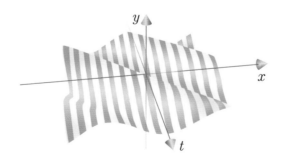

"와! 커튼 같아!"

파란색이나 흰색 줄무늬는 다양한 위치의 매질의 진동 모습을 나타낸 것이다.

원점의 매질의 진동에 대해서 조금 어긋나게 해서 이웃한 매질이 진동하기 때문에 커튼 같은 물결 모양이 나타난다.

파동 식의 1·2·3

이제의 파동 식을 만드는 문제에 도전해 보자.

예제   Training

아래 그림에 나타난 진폭 2m, 속도 4m/s의 파동을 수식으로 나타내 보자. 단 각속도 ω를 사용해도 된다.

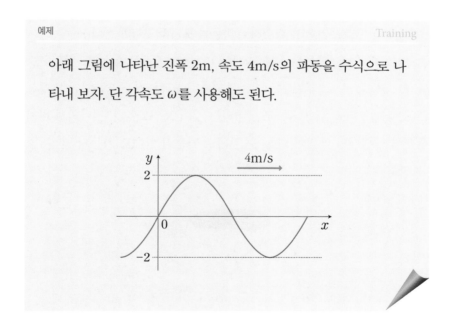

파동 식은 다음과 같은 3스텝으로 만들어간다.

● 파동 식의 1 · 2 · 3

① $y-x$ 그래프인 것을 확인하고 파동을 조금 어긋나게 한다.

② 원점의 매질인 $y-t$ 그래프를 만든다.

$$y = A\boxed{}\omega t \qquad \text{※ □에는 형이 들어간다.}$$

③ 't'를 '$t - \dfrac{x}{v}$'로 치환한다.

※ x축을 반대 방향으로 진행하는 파동은 'v'에 '$-v$'를 대입한다.

---

❶ $y-x$ 그래프인 것을 확인하고 파동을 조금 어긋나게 한다.

그래프의 가로축 x에 ○를 표시해서 $y-x$ 그래프인 것을 확인하자 ($y-x$ 그래프와 $y-t$ 그래프는 의미가 전혀 다르다). 그리고 파동을 이동 방향으로 조금 어긋나게 해 보자. '조금'이라는 것이 포인트이다. 지나치게 많이 움직이면 원점의 매질이 다음 순간 위로 가는지 아래로 가는지 알 수 없게 된다.

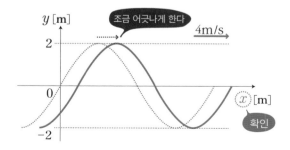

❷ 원점의 매질 $y-t$ 그래프를 만든다.

원점에 있는 매질이 어떤 식으로 움직이는지 알아보자. 다음 그림처럼 처음에 $y=0$에 있었던 매질은 다음 순간 아래로 움직이기 시작한다.

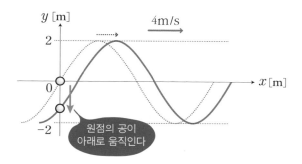

이렇게 하면 아래의 $y-t$ 그래프와 같이 원점의 매질은 시간의 경과에 따라서 아래로 내려가기 시작한다.

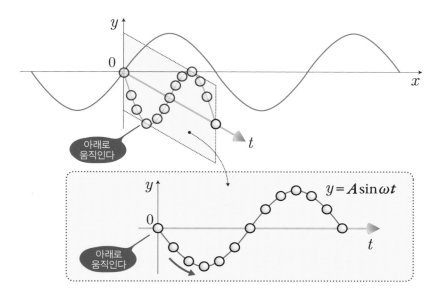

이 $y-t$ 그래프의 유형은 '$-\sin$형'이다. 따라서 원점의 매질 식은 다음과 같다.

$$y=A\boxed{}\,\omega t \quad\underset{-\sin}{\uparrow}\quad \longrightarrow \quad y=-A\sin\omega t$$

❸ 't'를 '$t-\dfrac{x}{v}$'로 치환한다.

이번처럼 x축과 같은 방향으로 진행하는 파동은 위의 식의 't'를 '$t-\dfrac{x}{v}$'로 치환해서 일정 장소 x의 파동 식으로 바꿔서 만들면 된다. 문제에서 'A'에 2를, 'v'에 4를 대입하면 다음과 같다.

$$y=-A\sin\omega\left(t-\frac{x}{v}\right)$$

$$y=-2\sin\omega\left(t-\frac{x}{4}\right)$$

이것이 정답! 파동이 반대 방향으로 진행하는 경우에는 'v'에 '$-v$'를 대입하면 된다.

파동 식의 변형

'파동 식의 1·2·3'을 이용해서 $y-x$ 그래프에서 움직이는 파동 식을 만들 수 있게 되었다. 이번에는 반대로 '파동 식'으로 $y-x$ 그래프를 만들기 위해서 필요한 '파동의 요소'를 알아보자. 다음 파동 식을 보자.

$$y = -2\cos 6\pi(4t - 2x)$$

이 식으로 파장 λ나 주기 T를 알 수 있을까? λ나 주기 T를 금방 알 수 있도록 수식을 변형시켜 보자. 여기서 '2π의 식'이라는 파동 식을 소개한다.

$$\boxed{2\pi\text{의 식}} \qquad y = A\,\boxed{}\,2\pi\left(\frac{t}{T} - \frac{x}{\lambda}\right)$$

( )의 밖에 2π가 있기 때문에 '2π의 식'이라고 한다. 이 2π의 식과 비교하면 λ나 T를 금방 구할 수 있다. 이 식을 외울 필요는 없지만 유도의 흐름을 익혀서 바로 변형할 수 있어야 한다.

'2π의 식' 유도

2π의 식은 이름 그대로 2π를 밖으로 꺼내는 것이 키포인트이다. 기본 식부터 시작해 보자.

$$\boxed{\text{파동의 기본공식}} \quad y = A\;\boxed{}\;\omega\left(t - \frac{x}{v}\right)$$

공식 $\omega = 2\pi f$에서 기본식의 ω를 $2\pi f$로 치환한다.

$$y = A\;\boxed{}\;\overset{\omega}{\overset{\parallel}{2\pi f}}\left(t - \frac{x}{v}\right)$$

f를 괄호 안에 넣는다.

$$y = A\;\boxed{}\;2\pi\left(ft - f\frac{x}{v}\right)$$

$f = \dfrac{1}{T}$, $v = f\lambda$를 이용해서 정리하면,

$$y = A\;\boxed{}\;2\pi\left(f\, t - f\frac{x}{v}\right)$$

$$f = \frac{1}{T} \qquad\qquad v = f\lambda$$

$$\boxed{\text{2π의 식}} \quad y = A\;\boxed{}\;2\pi\left(\frac{t}{T} - \frac{x}{\lambda}\right)$$

'2π의 식'이 완성되었다.

'2π의 식'의 사용 방법

수식에서 파장 λ, 속도 v, 주기 T 등의 파동 요소를 찾는 방법은 2π를 괄호 밖으로 꺼내어 '2π의 식'과 비교하는 것이다. 문제로 돌아가 2π를 만들 어서 꺼내 보자.

$$y = -2\cos 6\pi (4t - 2x)$$

2π만 남기기 위해서 6π를 $2\pi \times 3$으로 만들고, 3을 괄호 안에 넣는다.

$$y = -2\cos 2\pi \times 3(4t - 2x)$$
$$= -2\cos 2\pi \times (12t - 6x)$$

이 식과 2π의 식을 비교하면 다음과 같다.

$$y = -\boxed{2}\cos 2\pi (\boxed{12}\,t - \boxed{6}\,x)$$

$\boxed{2\pi\text{의 식}}$ $\quad y = \boxed{A}\ \ 2\pi\left(\dfrac{1}{T}\,t - \dfrac{1}{\lambda}\,x\right)$

$$A = 2,\ \frac{1}{T} = 12,\ \frac{1}{\lambda} = 6$$

※ $A = -2$가 아니다. '$-$'는 '$-\cos$형'을 나타낸다.

이 식들을 풀면 진폭 $A \cdot$ 주기 $T \cdot$ 파장 λ를 구할 수 있다. T나 λ를 알면, $f = \dfrac{1}{T}$이나 $v = f\lambda$의 공식을 사용해서 f나 v도 구할 수 있다.

이것으로 보충수업 끝! 마지막으로 문제를 풀어보자.

파동 식

문제 1 다음 그래프에 표시된 파동을 파동 식으로 나타내시오.

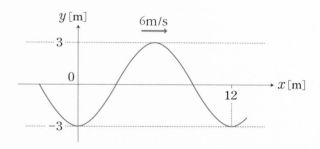

문제 2 다음 식에서 시간 0에서 파동의 형태를 나타내는 $y-x$그래프 와 원점$(x=0)$에서 매질의 움직임을 나타내는 $y-t$ 그래프를 만드시오.

$$y = 2\cos 4\pi \left(t - \frac{x}{5} \right)$$

해답 1 '파동 식 1·2·3'의 순서대로 수식을 만들어보자.

❶ $y-x$ 그래프인 것을 확인하고 파동을 조금 어긋나게 한다.

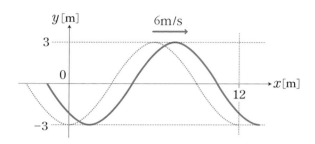

❷ 원점의 매질인 $y-x$ 그래프를 만든다.

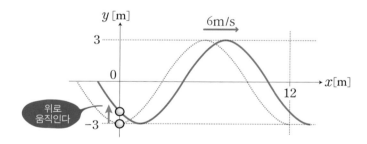

위로 움직인다

원점의 매질에 주목하면, 시간 0일 때에는 정확히 골 밑에 있지만 시간의 경과에 따라 위로 올라오는 것을 알 수 있다. 따라서 원점의 매질인 $y-t$ 그래프를 작성하면 다음과 같다.

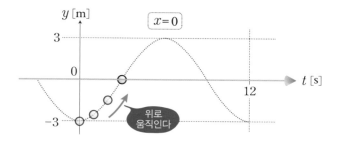

이 형태는 '−cos 형'이므로 원점의 파동 식은 다음과 같이 나타낼 수 있다.

$$y = -A\cos\omega t$$

❸ 't'를 '$t - \dfrac{x}{v}$'로 치환한다.

$$y = -A\cos\omega t \;\;\rightarrow\;\; y = -A\cos\omega\left(t - \frac{x}{v}\right)$$

이제 문제의 조건으로 주어진 숫자를 대입한다. 이 식을 2π의 식으로 변형하면 다음과 같다.

$$y = -A\cos 2\pi\left(\frac{t}{T} - \frac{x}{\lambda}\right)$$

$y-x$ 그래프이므로 진폭 $A=3$, 파장 $\lambda=12$임을 알 수 있다. 주기 T를 구해 보자. $v=f\lambda$이므로, $v=6$, $\lambda=12$를 대입하면 $f=0.5$이다. $T=\dfrac{1}{f}$에 따라 f에 0.5를 대입하면 $T=2$가 된다.

A, T, λ를 대입하면 다음과 같다.

$$y = -3\cos 2\pi\left(\frac{t}{2} - \frac{x}{12}\right)$$

이렇게 해서 파동 식이 완성되었다.

해답 2 주어진 파동 식을 '2π의 식'으로 바꾸면 된다. 4π를 $2\pi \times 2$로 바꾼다.

$$y = 2\cos 2\pi \times 2\left(t - \frac{x}{5}\right)$$

여분의 2를 괄호 안에 넣는다.

$$y = 2\cos 2\pi\left(2t - \frac{2x}{5}\right)$$

이 식과 2π의 식을 비교하면,

$$A=2,\ \frac{1}{T}=2,\ \frac{1}{\lambda} = \frac{2}{5}$$

따라서 진폭은 2, 주기는 0.5, 파장은 2.5임을 알 수 있다. 파동의 속도
는 $v=f\lambda$이므로 다음과 같다.

$$v=f\lambda=\frac{\lambda}{T}=\textbf{5}\text{m/s}$$

2.5
0.5

이제 $y-t$ 그래프와 $y-x$ 그래프를 그려 보자. 파동 식을 보면 원점의
매질은 cos 형으로 진동하는 것을 알 수 있다.

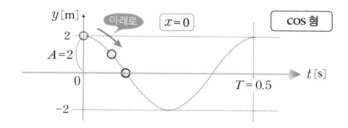

주기는 0.5초, 진폭은 2이므로 각각 그래프에 적어 두자. 이렇게 해서
$y-t$ 그래프 완성! 또 $y-t$ 그래프를 보면 원점의 매질은 산의 정상부터
시작해서 서서히 아래로 이동하므로 $y-x$ 그래프는 아래와 같다.

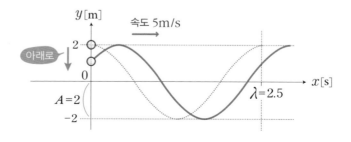

원점의 매질은 처음의 진폭 $A=2$ 높이에서부터 파동이 오른쪽으로 움직이면서 시간의 경과에 따라 내려오는 그래프라고 생각할 수 있다. 파장은 2.5m, 진폭은 2m이므로 각각 그래프에 적어 두자. $y-x$ 그래프가 완성되었다.

이것으로 보충수업은 끝이다. 부록 ③에 '반사파의 파동 식'을 실었으니 함께 읽어 두자.

보충수업 정리

파동 식은 다음의 3스텝으로 만든다.
원점의 매질인 $y-t$ 그래프에 주목하는 것이 중요!

· 파동 식 1 · 2 · 3 ·

① $y-x$ 그래프인 것을 확인하고 파동을 조금 어긋나게 한다.

② 원점의 매질인 $y-t$ 그래프를 만든다.

$$y = A \boxed{} \omega t \qquad \text{※ □에는 형이 들어간다.}$$

③ 't'를 '$t - \dfrac{x}{v}$'로 치환한다.

※ x축을 반대 방향으로 진행하는 파동은 'v'에 '$-v$'를 대입한다.

파동 식으로 그래프를 만들 수 있도록 2π의 식도 기억해 두자.

· 2π의 식 ·

$$y = A \boxed{} 2\pi \left(\dfrac{t}{T} - \dfrac{x}{\lambda} \right)$$

수고하셨습니다

파동 공부는 어땠나요? 머릿속에서 파동이 움직이기 시작했나요? 파동 분야는 역학과 달리 '운동방정식'이라는 하나의 식만으로는 정리할 수 없습니다. 이번에 소개한 '현과 기주의 진동' '도플러 효과' '빛의 간섭'은 각각 푸는 방법이 전혀 다릅니다. 하지만 보다 큰 관점에서 본다면, '파동의 성질'이라는 커다란 나무에 달려 있다고 할 수 있죠. 다시 한 번 이 책의 구성을 살펴볼까요?

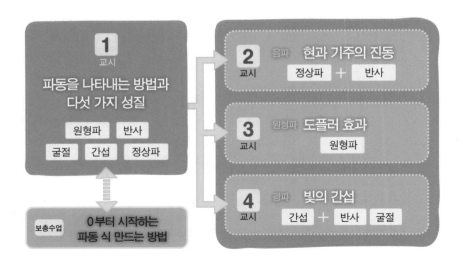

파동은 입자라고 생각할 수 없을 만큼 독특한 성질을 갖고 있습니다. 파동의 다섯 가지 성질만 숙지한다면 더 이상 파동은 무섭지 않을 것입니다.

- '현과 기주의 진동'은 …정상파인 잎사귀 그림을 그릴 수 있다면,
- '도플러 효과'는 …음속과 관측자의 그림을 그릴 수 있다면,
- '빛의 간섭'은 …경로차의 위치를 그릴 수 있다면,

어떤 문제든 쉽게 풀 수 있습니다. 물리에서 가장 중요한 것은 '그림을 그리면서 생각하는 것'입니다.

마지막으로, 이 책으로 '파동'과 『물리의 완성 STEP 1·2·3 − 역학편』으로 역학을 마스터하면 대학입시 시험에서 고득점을 얻을 수 있을 것입니다. 권말에는 숙제를 실었습니다. 풀어보고 모르는 부분이 나오면 책을 다시 읽고, 그림을 그리는 방법을 생각해 보세요. 파동에 대해서 좀 더 자세히 공부하고 싶은 사람은 다른 도서를 통해 많은 문제에 도전해 이해를 높여 보세요.

'물리'에서 '物理'로!

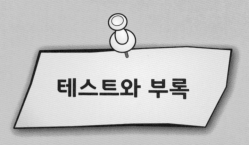

테스트와 부록

숙제 · 종합문제 · 부록

확실하게
이해한 걸까?

실력테스트를
해 보자!

부록 ❶ 전반사

부록 ❷ $\sin\theta = \tan\theta$의 수수께끼

부록 ❸ 반사파의 파동 식

부록 ❹ 파동 분야의 공식

부록 ❺ 물리의 완성 STEP 1 · 2 · 3

문제 제1   2009년 일본 수능 본시

  그림1과 같이 스피커 A, B가 충분한 간격을 두고 있고, A와 B를 연결하
는 직선상에 있는 측정기 P에서 음파를 측정한다. 2개의 스피커에는 발
진기가 접속되어 있고, 진동수와 진폭이 같은 평행파의 음파가 P를 향
해 발생한 것으로 가정한다. 또 바람은 없고 음속은 일정한 것으로 가
정한다.

그림 1

문제 1 A, B에서 동시에 음파를 내기 시작하자, B에서 나는 소리가 A에
서 나는 소리에 비해 시간 T만큼 늦게 P에 도달했다. PA간의 거
리를 L, 음속을 V라고 할 때, PB간의 거리로 옳은 것을 다음 ①
~⑤ 중에서 하나 고르시오.

① VT ② $L-VT$ ③ $L+VT$

④ $L-2VT$ ⑤ $L+2VT$

문제 2 A, B는 일정한 진동수의 음파를 내고 있다. A와 B 사이의 다양한 위치에 P를 놓고 음파를 측정하자 소리가 가장 커지는 장소가 1.0m 간격으로 존재했다. 이를 통해 AB 사이에 정상파가 만들어진다는 것을 알 수 있다. 스피커에서 난 음파의 진동수는 몇 Hz인가? 가장 적당한 답을 다음 ①~⑥ 중에서 하나 고르시오. 음속은 340m/s이다.

① 680   ② 510   ③ 340

④ 170   ⑤ 85   ⑥ 34

문제 제2   2008년 일본 수능 본시

P씨의 집과 소방서는 **그림 2**처럼 일직선의 도로에 나란히 세워져 있다. 구급차는 사이렌을 울리며 소방서를 출발해서 일정 속도로 주행한 후에 정지한다. 사이렌이 일정 진동수 f_0의 소리를 낸다고 가정했을 때, P씨가 집에서 듣는 구급차의 사이렌 진동수에 대해서 생각해 보자. 단 소방서와 P씨의 집으로 구분된 도로까지의 세 영역은 각각 **그림 2**처럼 A, B, C이다.

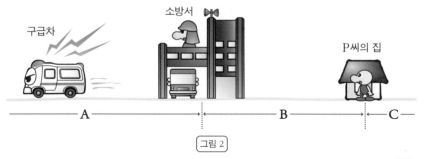

소방서

구급차

P씨의 집

A   B   C

그림 2

문제1 구급차가 소방서를 출발해서 영역 A에 정차했다. 이때 P씨가 듣는 소리의 진동수는 시간의 경과에 따라 어떻게 변화하는가? 또 영역 C에 정차한 경우에는 어떠한가? 각각 가장 적당한 그래프를 다음의 ①~④ 중에서 하나 고르시오.

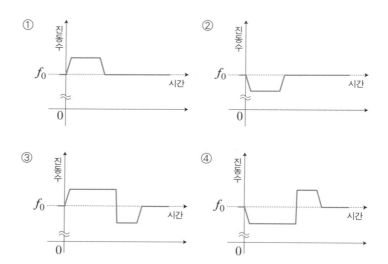

문제2 소방차가 소방서를 출발해서 일정 속도로 시간 T_0 동안 주행한 후 정차했다. 이때 P씨가 들은 사이렌 소리의 진동수는 **그림 3**과 같이 시간 변화했다. **그림 3**에서 진동수 f_1인 소리가 들린 시간 T_1은 시간 T_0의 몇 배가 되는가? 가장 적당한 답을 ①~⑤ 중에서 하나 고르시오.

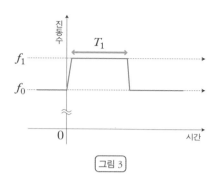

그림 3

① 1

② $\dfrac{f_1}{f_1 - f_0}$

③ $\dfrac{f_1 - f_0}{f_1}$

④ $\dfrac{f_0}{f_1}$

④ $\dfrac{f_1}{f_0}$

문제 제3 2006년 일본 수능 본시

    그림 4와 같이 파장 λ인 평행광선을 투명하고 일정한 두께의 박막에 비스듬하게 입사시킨 뒤, 오른쪽에서 반사광을 관찰한다. 광선1은 박막 표면의 점 D에서 반사한다. 광선2는 점 B에서 박막 안으로 들어가고, 박막 표면인 점 C에서 반사했다가 점 D에서 다시 공기 중으로 나온다. 단 공기의 절대굴절률은 1, 박막의 절대굴절률은 $n(n>1)$이고, 진공 속에서 빛의 속도는 c이다. 또 그림의 점선 AB는 빛의 파면이다.

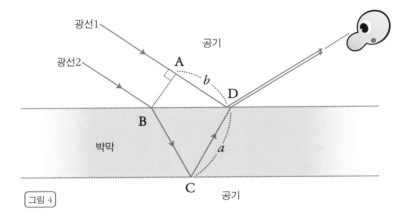

그림 4

문제1 박막 안에서 빛의 파장 λ', 빛의 속도를 c'라고 했을 때 이것을 나타내는 식은 다음과 같다.

$$\lambda'=\alpha\lambda, \quad c'=\beta c$$

α, β의 조합으로 옳은 것을 다음의 ①~⑥ 중에서 하나 고르시오.

① $(\alpha, \beta)=(1, n)$　　　　② $(\alpha, \beta)=\left(n, \dfrac{1}{n}\right)$

③ $(\alpha, \beta)=\left(\dfrac{1}{n}, \dfrac{1}{n}\right)$　　　　④ $(\alpha, \beta)=(n, 1)$

⑤ $(\alpha, \beta)=\left(\dfrac{1}{n}, n\right)$　　　　⑥ $(\alpha, \beta)=(n, n)$

문제 2 **그림 4**에서 CD의 거리를 a, AD의 거리를 b라고 할 때, 광선1과
광선2가 박막에서 반사한 후에 보강간섭하는 조건으로 옳은 것을
다음의 ①~⑥에서 하나 고르시오. 단 m은 양수인 정수이다.

① $\left(\dfrac{2a}{\lambda'} - \dfrac{b}{\lambda'}\right) = m + \dfrac{1}{2}$ ② $\left(\dfrac{2a}{\lambda} - \dfrac{b}{\lambda}\right) = m + \dfrac{1}{2}$

③ $\left(\dfrac{2a}{\lambda'} - \dfrac{b}{\lambda'}\right) = m$ ④ $\left(\dfrac{2a}{\lambda} - \dfrac{b}{\lambda}\right) = m$

⑤ $\left(\dfrac{2a}{\lambda'} - \dfrac{b}{\lambda}\right) = m$ ⑥ $\left(\dfrac{2a}{\lambda'} - \dfrac{b}{\lambda}\right) = m + \dfrac{1}{2}$

문제 제1

해답 1 다음 그림과 같이 B에서 봤을 때, AP의 간격과 동일한 거리 L인 점을 C라고 한다.

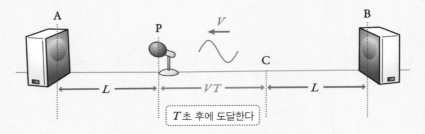

A, B에서 동시에 발생한 소리는 A에서 나온 음파가 P에 도달했을 때, B에서 나온 음파는 동일한 거리 C까지 이동한다. B에서 나온 음파는 이 C에서 T초 늦게 측정기 P에 도달했으므로 CP 간의 거리는 음속 V에 늦게 온 시간 T를 곱한 VT가 된다. 따라서 BP간은 $L+VT$이다.

문제 1 의 정답 ③

해답 2 '소리가 가장 커지는 장소가 1.0m의 간격으로 존재'했으므로 그림과 같이 음파의 정상파의 배와 배의 간격이 1.0m가 되는 것을 알 수 있다.

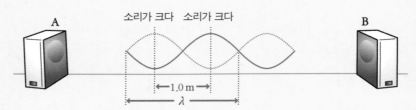

그림에서 잎사귀 '2장'의 길이는 2m이므로 진폭 λ=2m이고, 음속 v=340m/s이다. $v=f\lambda$이므로 진동수 f를 구하면 다음과 같다.

$$f = \frac{v}{\lambda} = 170\,[\text{Hz}]$$

문제 **2**의 정답   ④

문제 제2

해답1 문제를 풀기 전에 도플러 효과의 이미지 그림을 살펴보자.

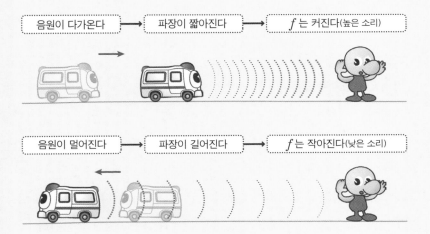

이제 문제를 풀어보자.

영역 A에 정차한 경우

소방서를 나온 소방차는 먼저 시간의 경과에 따라 P씨의 집에서 멀어

지는 방향으로 이동하기 시작한다. 이때 음파의 파장은 길어져서 f_0보다 낮은 소리를 듣게 된다. 구급차가 목적지에 도착해서 정차하면 통상적인 소리인 f_0으로 돌아온다. 따라서 처음에 f_0보다 작아지고, 원래의 f_0으로 돌아가는 그래프②를 선택하면 된다.

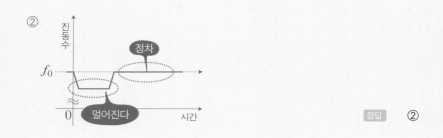

정답   ②

영역 C에 정차한 경우

소방차가 영역 B를 달리고 있을 때, 집에 있는 P씨에게는 소방차가 다가가기 때문에 파장은 짧아져서 f_0보다 높은 소리를 듣는다. 또 소방차가 P씨의 집을 통과해서 영역 C에 들어서면, P씨의 집에서 소방차가 멀어지게 되므로 파장은 길어져서 f_0보다 낮은 소리를 듣는다. 마지막으로 소방차가 영역 C에서 정차하면, 진동수는 원래의 음정 f_0으로 돌아간다.

따라서 진동수는 f_0보다 처음에는 커지고, 눈앞을 통과하면 작아진 뒤, 마지막에는 f_0으로 돌아오는 ③번을 선택하면 된다.

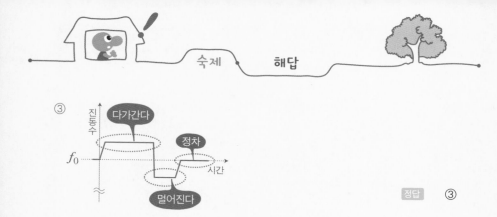

③

정답 ③

해답 2 **그림3**을 보면 진동수 f 가 커진 후에 원래대로 돌아가기 때문에 소방차는 관측자에게 다가가는 방향으로 출발해서 영역 B에 정차한 것을 알 수 있다. 소리를 들은 시간 T_1을 계산해 보자.

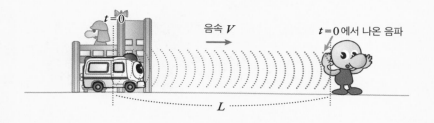

이 그림은 소방차가 소방서를 출발한 순간에 낸 소리가 P씨의 귀에 도달할 때까지의 상황을 나타낸 것이다. P씨의 집까지의 거리를 L, 음속을 V라고 했을 때, $\frac{L}{V}$ 초 후에 P씨에게 도달한다.

이번에는 T_0초 후를 생각해 보자. 소방차가 v_s로 이동했다고 가정하면, 다음 그림처럼 T_0초 경과했을 때에는 $v_s T_0$만큼 이동해 있다.

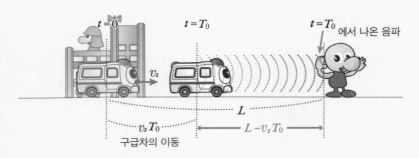

이때 소방차와 P씨의 거리는 $L-v_sT_0$이므로, T_0초 경과한 순간에 낸 소리가 P씨에게 도달할 때까지의 시간은 $\dfrac{L-v_sT_0}{V}$이 된다. 소방차가 출발한 시각을 $t=0$이라고 생각하면 위의 그림에서는 이미 T_0초 경과했으므로 $\dfrac{L-v_sT_0}{V}+T_0$초 후에 도달한 셈이다.

즉 P씨가 도플러 효과를 들은 순간 T_1은, 소리가 처음 P씨에게 도달한 $\dfrac{L}{V}$초 후부터 정차한 순간의 T_0초 후에 낸 소리가 도달하는 $\dfrac{L-v_sT_0}{V}+T_0$초 후의 사이가 되므로 다음과 같다.

$$T_1 = \left(\frac{L-v_sT_0}{V}+T_0\right) - \frac{L}{V}$$

$$= \frac{V-v_s}{V}T_0 \qquad \cdots 식\ ①$$

이처럼 T_1을 구했지만, 선택지에서는 f_0과 f_1을 사용해서 T_1을 나타내고 있다. 따라서 f_1과 f_0의 관계식을 만들고 식 ①의 형태를 고쳐야 한다.

P씨가 듣는 도플러 효과의 진동수 f_1은 '도플러 효과 1·2·3'에 의해,

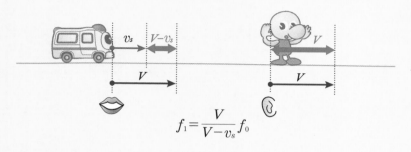

$$f_1 = \frac{V}{V - v_s} f_0$$

이 식을 $\frac{V - v_s}{V}$에 대해서 풀면 다음과 같다.

$$\frac{V - v_s}{V} = \frac{f_0}{f_1} \qquad \cdots 식 ②$$

식 ②를 식 ①에 대입하면,

$$T_1 = \frac{V - v_s}{V} T_0 \qquad \frac{f_0}{f_1}$$

$$= \frac{f_0}{f_1} T_0 \qquad \cdots 식 ①$$

이 되고, T_1을 f_0과 f_1로 나타낼 수 있다. 정답은 ④번.

문제 2의 정답　　④

문제 제3

해답 1 굴절률은 '감소율'이었다. 파장 λ의 빛은 굴절률이 n인 매질 속으로 들어가면, $\dfrac{\lambda}{n}$로 짧아진다 $\left(\alpha = \dfrac{1}{n}\right)$. 또 박막 안에서는 빛의 속도도 느려져서 $\dfrac{C}{n}$가 된다 $\left(\beta = \dfrac{1}{n}\right)$. 정답은 ③번

문제 **2**의 정답 　 ③

해답 2 간섭 조건을 구하는 것이 목적이므로 '빛의 간섭 1·2·3'을 이용한다.

스텝 ① 그림을 그려 경로차 ΔL을 구한다.

먼저 경로차가 어디가 되는지부터 확인한다. D에서 직선 BC에 수직선을 긋고, BC와의 교차점을 D′라고 하면 경로차 ΔL은 'D′C + CD'가 된다. CD의 길이를 a라고 했으므로 남은 D′C의 길이를 구하면 된다.

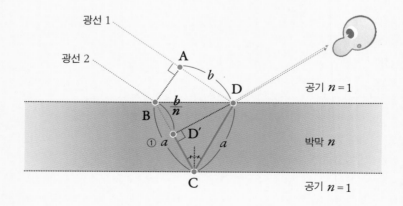

그림에서 BC와 CD에 주목하면 반사의 법칙에 따라 C에서의 입사각과 반사각이 동일하므로, BC의 길이는 CD와 똑같이 a라고 할 수 있다. 또 파란 광선1이 $A \rightarrow D$로 b만큼 진행하는 동안에 빨간 광선2는 B $\rightarrow$ D′까지 공기 중의 속도인 $\frac{1}{n}$의 속도로 진행하므로 BD′는 $\frac{b}{n}$로 나타낼 수 있다. 따라서 D′C는 위의 그림에 의해 다음과 같이 된다.

$$\mathbf{D'C} = a - \frac{b}{n}$$

따라서 경로차 ΔL는,

$$\Delta L = \mathbf{D'C} + \mathbf{CD} = \left(a - \frac{b}{n} \right) + a = 2a - \frac{b}{n}$$

스텝 ② 물질 속으로 들어가면 굴절률 n을 곱해서 광로차로 바꾼다.

박막에서는 경로차 ΔL이 물질 속에 들어 있기 때문에, 굴절률 n을 곱해서 광로차로 바꾼다.

$$\Delta L' (\text{광로차}) = n \times \Delta L (\text{경로차}) = 2an - b$$

스텝 ③ 반사에 ◯를 표시한다. 그리고 '소' → '밀'의 반사에는 ◎를 표시한다. ◎가 홀수인 경우에는 조건식을 바꿔 넣는다.

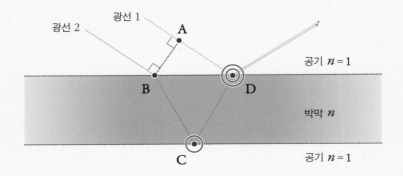

점 C과 점 D에서 반사하고 있으므로 우선 ◯를 표시한다. 점 D에서의 반사는 '소'에서 '밀'인 고정단 반사가 되므로 ○를 하나 더 표시해서 ◎로 만든다. 점 C는 '밀'에서 '소'이므로 그대로 둔다. ◎가 1개로 홀수이므로 간섭 조건식을 바꿔 넣는다.

보강간섭	$2an-b=\boxed{m\lambda+\dfrac{1}{2}\lambda}$
상쇄간섭	$2an-b=\boxed{m\lambda}$

바꿔 넣었다

이렇게 해서 간섭 조건식까지 만들 수 있었다. 보강간섭하는 경우에 주목하여 해답 선택지의 형태와 맞추기 위해서 양 변을 λ로 나누면,

$$\left(\frac{2an}{\lambda} - \frac{b}{\lambda} \right) = m + \frac{1}{2}$$

해답 1 에서 $\lambda' = \frac{\lambda}{n}$를 변형하고 $\lambda = n\lambda'$이므로 $\frac{2an}{\lambda}$의 λ에 대입하면,

$$\left(\frac{2a}{\lambda'} - \frac{b}{\lambda} \right) = m + \frac{1}{2}$$

따라서 정답은 ⑥번.

문제 **2**의 정답 　⑥

부록 ❶ 전반사

물에 물체를 가라앉히고 위에서 빛을 쪼여 보자. 조금씩 빛의 높이를
수면 가까이 하면 일정 각도가 된 순간 물체가 보이지 않게 된다! 그리고 그곳
을 경계선으로 하여 물속의 물체가 보이는 곳과 보이지 않는 곳으로 나
뉜다. 이런 현상이 일어나는 이유는 무엇 때문일까?

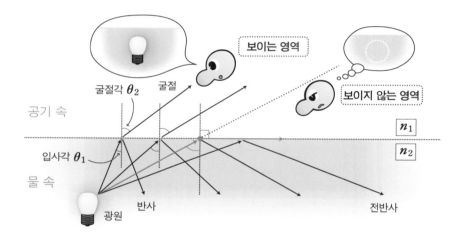

빛은 경계면에서 반사와 굴절이 동시에 일어난다. 굴절해서 공기 중으
로 나온 빛을 눈으로 봄으로써 물속에 물체가 있는 것을 알 수 있다(그림
의 파란 점선의 위쪽 영역).

하지만 입사각 θ_1이 커지면 굴절각 θ_2도 조금씩 커지고 일정 각도를 넘
어서면 마침내 굴절하지 않고 반사만 되어서 빛은 공기 중으로 나오지
않게 된다(그림의 파란 점선의 아래쪽 영역). 굴절하지 않고 모든 것을 반사하

는 이 현상을 '전반사'라고 한다.

'전반사가 일어나는 최소한의 입사각'(임계각이라고 한다)을 구해 보자.
그림의 빨간 선으로 나타낸 것처럼 굴절각 $90°$ 이상이 되었을 때, 빛은
공기 중으로 나오지 않는다. 임계각 θ_1은 굴절률 n_1, n_2를 이용해서,

> 공식
> $$\frac{\sin 90°}{\sin \theta_1} = \frac{n_1}{n_2}$$

라고 나타낼 수 있다.

부록 ❷ $\sin\theta = \tan\theta$의 수수께끼

각도 θ가 작을 때 $\sin\theta$과 $\tan\theta$를 같은 값으로 간주해도 되는 이유는
무엇일까? 다음 그림은 $\sin\theta$과 $\tan\theta$의 그래프를 나타낸 것이다. 원점
부근의 θ가 작은 부분을 확대해 보았다.

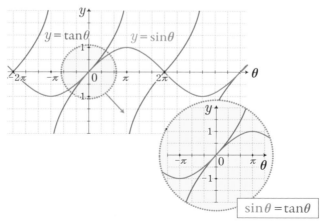

$\sin\theta = \tan\theta$

확대하면 θ가 작은 부분에서는 $\sin\theta$과 $\tan\theta$의 그래프가 포개지는 것을, 즉 같아지는 것을 알 수 있다. 따라서 θ가 작을 때 $\sin\theta = \tan\theta$로 근사할 수 있다.

부록 ❸ 반사파의 파동 식

보강에서는 파동 식을 만들 수 있었다. 이 파동 식을 이용해서 반사파의 식을 만들어 보자.

• 자유단 반사의 경우

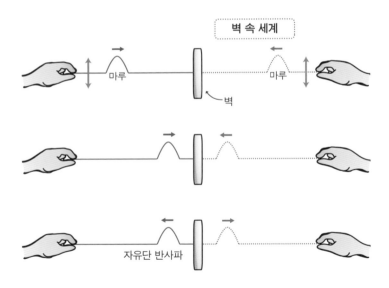

우선 자유단 반사의 파동 식을 만든다. 자유단 반사는 마루가 마루로

반사되는, 즉 동위상으로 돌아오는 반사였다. 이 현상을 다음과 같이 생각해 보자.

현실 세계에서 파동을 만드는 동시에, 반대쪽을 향해서 같은 속도로 진행하는 동위상의 파동을 '벽 속에서' 출발시킨다. 현실 세계에서 만들어낸 파동은 벽 속으로 흡수되고, 벽 세계의 파동은 현실 세계로 나오는 것으로 생각하면 된다.

오른쪽 절반인 벽 속 세계를 손으로 가리면, 자유단 반사가 표현된다. 이 내용으로 자유단의 반사파 식을 만들어 보자. 다음 그림을 자세히 보자.

파동이 시작된 장소를 원점 O라고 하고 x축을 그었다. 그리고 원점에서 벽까지의 거리를 L이라고 한다. 이때 입사파의 식은 식 ①과 같다.

입사파의 식 $$y = A \sin \omega \left(t - \frac{x}{v} \right)$$ ⋯식 ①

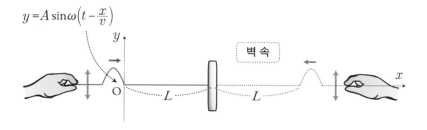

이제 벽 속으로 반사파를 준비하자. 반사파는 원점 O에서 $2L$의 위치를 출발점으로 삼고 반대 방향으로 같은 속도로 진행하도록 설정한다. 따라서 입사파의 파동 식의 출발점을 일단 $2L$ 위치만큼 어긋나게 한다. 그래프를 x축의 오른쪽 방향으로 어긋나게 하는 경우에는 'x'를 '$x-2L$'로 치환한다.

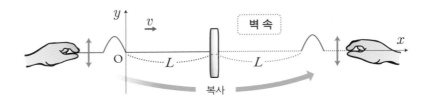

$$y = A \sin \omega \left(t - \frac{x-2L}{v} \right)$$

이번에는 이 파동을 입사파와 반대 방향으로 움직인다. 즉 'v'를 반대 방향인 '$-v$'로 만들어 대입한다.

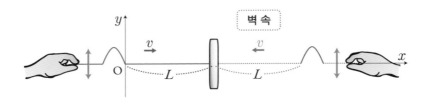

$$y = A \sin \omega \left(t - \frac{x - 2L}{-v} \right)$$

식을 정리하면,

$$y = A \sin \omega \left(t + \frac{x - 2L}{v} \right) \qquad \cdots 식 \ ②$$

이 된다. 이것이 자유단 반사의 반사파 식이다.

- 고정단 반사의 경우

자유단 반사와 마찬가지로, 고정단 반사에서도 거울 속의 세계를 상상해 보자. 고정단 반사에서는 입사파와 위상이 반대인 파동(그림의 경우, 입사파의 '마루'의 반대인 '골')이 동시에 시작된 것으로 본다.

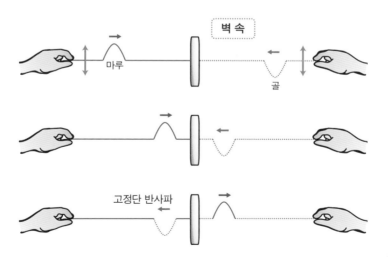

자유단 반사와 마찬가지로 반사파의 식을 만든다. 다음 식으로 나타낼
수 있는 입사파가 벽에 들어간 것으로 가정한다.

$$\boxed{\text{입사파의 식}} \quad y = A \sin \omega \left(t - \frac{x}{v} \right)$$

먼저 벽 속의 세계에 입사파의 파동 식의 출발점을 옮기고('x' →
'$x-2L$'), 반대 방향으로 출발시킨다('v' → '$-v$').

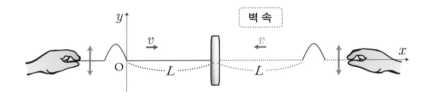

$$y = A \sin \omega \left(t - \frac{x - 2L}{-v} \right)$$

여기까지는 자유단 반사와 똑같다. 이제 반사파를 상하로 뒤집어서 반전
시켜 보자. 반전하려면 전체에 마이너스를 붙이면 된다.

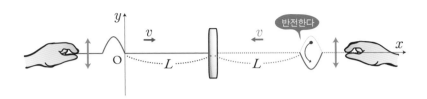

$$y = \ominus A \sin \omega \left(t - \frac{x - 2L}{-v} \right)$$

이것이 고정단 반사의 파동 식이다. 반사파는 다음 3스텝으로 만들 수 있다.

> • 반사파 1 · 2 · 3
>
> ① 입사파의 식을 만든다.
> ② 'x' ➝ '$x - 2L$'로, 'v' ➝ '$-v$'로 치환한다.
> ③ 고정단 반사는 전체에 '$-$'를 붙인다.

• 입사파의 식과 정상파

입사파를 계속 일으켜 반사파와 중첩되면, 그 자리에서 크게 진동을 시작하는 '정상파'가 생긴다. 정상파는 입사파와 반사파가 중첩되어 발생한다. 따라서 다음 식과 같이 입사파와 반사파를 더하면 정상파가 나타날 것이다(자유단의 경우).

$$y = A \sin \omega \left(t - \frac{x}{v} \right) + A \sin \omega \left(t + \frac{x - 2L}{v} \right)$$

입사파 반사파

이 수식을 컴퓨터로 그리면 다음과 같은 그림이 만들어진다.

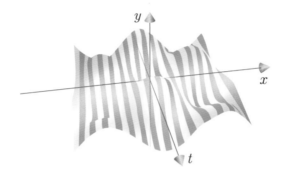

이 그림을 보면, 원점에 있는 매질은 시간이 경과해도 상하로만 흔들릴 뿐, 움직이지 않는 것을 알 수 있다. 이 그림을 옆에서 살펴보자.

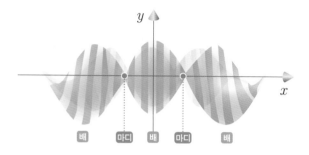

상하로 크게 흔들리는 배의 라인과 전혀 흔들리지 않는 마디의 라인이
있는 것을 알 수 있다.

부록 ❹ 파동 분야의 공식

1교시 파동을 나타내는 방법과 다섯 가지 성질

- **진동수와 주기의 식**
  26쪽 참조

$$f = \frac{1}{T} \text{ 또는 } f = \frac{1}{f}$$

- **파동의 식**
  27쪽 참조

$$v = f\lambda$$

2교시 악기의 구조 **현과 기주의 진동**

- **현에 전해지는 파동의 속도**
  76쪽 참조

$$v = \sqrt{\frac{T}{\rho}}$$

3교시 구급차 소리의 비밀 **도플러 효과**

- **맥놀이의 식**
  137쪽 참조

$$맥놀이 = f_{大} - f_{小}$$

4교시 반짝반짝 빛나는 **빛의 간섭**

- **굴절 식**
  160쪽 참조

$$\frac{\sin\theta_1}{\sin\theta_2} = \frac{v_1}{v_2} = \frac{\lambda_1}{\lambda_2} = \frac{n_2}{n_1}$$

- **간섭 조건식** 174쪽 참조 **보강간섭** $\Delta L = m\lambda$

  180쪽 참조 **상쇄간섭** $\Delta L = m\lambda + \frac{1}{2}\lambda$

① 영의 실험의 경로차
186쪽 참조

$$\Delta L = \frac{dx}{L}$$

② 회절격자의 경로차
193쪽 참조

$$\Delta L = d\sin\theta$$

③ 박막간섭의 경로차
205쪽 참조

$$\Delta L = 2nd\cos r$$

④ 쐐기형 간섭의 경로차
213쪽 참조

$$\Delta L = \frac{2Dx}{L}$$

⑤ 뉴턴 링의 경로차
218쪽 참조

$$\Delta L = \frac{r^2}{R}$$

보충수업 0부터 시작하는 파동 식 만드는 방법

• 파수의 식
249쪽 참조

$$k = \frac{2\pi}{\lambda}$$

• 각속도의 식
251쪽 참조

$$\omega = \frac{2\pi}{T} \ \text{또는} \ \omega = 2\pi f$$

• 파동의 기본식
258쪽 참조

$$y = A \boxed{} \omega\left(t - \frac{x}{v}\right)$$

• 2π의 식
263쪽 참조

$$y = A \boxed{} 2\pi\left(\frac{t}{T} - \frac{x}{\lambda}\right)$$

부록 ❺ 물리의 완성 STEP 1 · 2 · 3

1교시 파동을 나타내는 방법과 다섯 가지 성질

● 종파로 변형 1 · 2 · 3 (37쪽)

① 공을 놓고 상하로 화살표를 긋는다.

② 화살표가 위로 뻗으면 $+x$축 방향으로 아래쪽으로 뻗으면 $-x$축 방향으로 돌린다.

③ 화살표의 선두로 공을 이동시키고 소 · 밀을 기입한다.

2교시 악기의 구조 **현과 기주의 진동**

● 정상파 1 · 2 · 3 (79쪽)

① 그림을 그린다.

② 기본인 잎사귀의 길이(현은 1장, 기주는 0.5장)를 구한다.

③ 잎사귀 2장의 길이를 구한다.

● 현과 기주 1 · 2 · 3 (95쪽)

		처음	나중
스텝 ❶	진동의 모습 λ		
스텝 ❷	속도 v		
	진동수 f	⬇	⬇
스텝 ❸	$v=f\lambda$		

① 그림을 그려 표의 λ를 구한다('정상파의 파장 1 · 2 · 3'을 참고).

② 문제에서 표의 v, f 를 채운다.

　　　　※ 참고　현의 속도: $v=\sqrt{\dfrac{T}{\rho}}$, 기주의 속도: 음속 V(온도 t로 변화)

③ '처음'과 '나중'에 각각 $v=f\lambda$를 만든다.

3교시 구급차 소리의 비밀 **도플러 효과**

● 도플러 효과 1 · 2 · 3 (127쪽)

① 음원에 입(👄), 관측자에 귀(👂)를 그린다.

② 👄에서 👂를 향해 음속 V의 노래를 부른다.

③ $f' = \dfrac{👂}{👄} f_0$에 대입 (어떤 사람이든 입은 귀보다 아래에 있다는 것을 기억하자)

4교시 반짝반짝 빛나는 **빛의 간섭**

● 빛의 간섭 1 · 2 · 3 (237쪽)

① 그림을 그려 경로차 ΔL을 구한다.

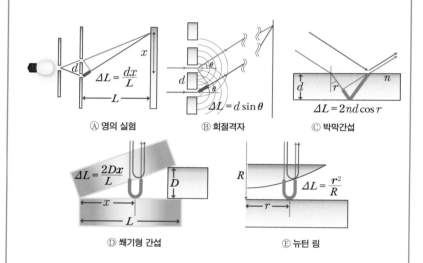

ⓐ 영의 실험   ⓑ 회절격자   ⓒ 박막간섭

ⓓ 쐐기형 간섭   ⓔ 뉴턴 링

② 물질 안에 들어가면 굴절률 n을 곱해서 광로차로 바꾼다.

③ 반사에 ◯를 표시한다. 그리고 '소' ➡ '밀'의 반사에는 ◎를 표시한다. ◎가 홀수인 경우에는 조건식을 바꿔 넣는다.

보강간섭 $\Delta L = \boxed{m\lambda + \dfrac{1}{2}\lambda}$

상쇄간섭 $\Delta L = \boxed{m\lambda}$ 바꿔 넣었다

보충수업 **0부터 시작하는 파동 식 만드는 방법**

파동 식 $1 \cdot 2 \cdot 3$ (260쪽)

① $y-x$ 그래프인 것을 확인하고 파동을 조금 어긋나게 한다.

② 원점의 매질인 $y-t$ 그래프를 만든다.

$$y = A \boxed{} \omega t \qquad \text{※} \boxed{} \text{에는 형이 들어간다.}$$

③ 't'를 '$t - \dfrac{x}{v}$'로 치환한다.

　　※ x축을 $-$방향으로 진행하는 파동은 'v'에 '$-v$'를 대입한다.

실력다지기와 부록 **반사파의 파동 식**

반사파 $1 \cdot 2 \cdot 3$ (302쪽)

① 입사파의 식을 만든다.

② 'x' → '$x - 2L$'로, 'v' → '$-v$'로 치환한다.

③ 고정단 반사는 전체에 '$-$'를 붙인다.

저는 공립여자중고등학교에서 물리를 가르칩니다.

수업 중에는 매일같이 많은 질문을 받습니다. 단순한 것에서부터 바로 설명할 수 없는 날카로운 것까지 질문의 내용은 매우 다양합니다.

그 질문에 일일이 답하는 과정에서 학생들이 이해하기 어려워하는 부분이나 교과서보다 알기 쉽게 설명하는 방법을 조금씩 깨우치게 되었습니다. 또 매년 여학생들이 힘겨워하는 곳이 어디인지도 알게 되었습니다. 이렇게 학생들에게서 받은 질문과 대답을 적은 수업노트가 4년 동안 20권을 넘어섰습니다.

제가 가르치는 학생들이 힘들어했듯이, 전국의 고교생들이나 한때 물리 때문에 고전했던 사람들도 분명 똑같은 곳에서 고민했을 것입니다. 『물리의 완성 STEP 1·2·3』시리즈는 이 수업 노트들을 바탕으로 만들어졌습니다.

『물리의 완성 STEP 1·2·3』시리즈를 통해 지금까지는 가까이 하기 어려워 멀리서만 지켜보던 '物理'에서, 가까이에서 편한 마음으로 즐길 수 있는 '물리'로, 한사람이라도 더 많은 사람이 느낀다면 그보다 더 기쁜 일은 없을 것입니다.

마지막까지 읽어주셔서 감사합니다.

이 책은 공립여자중고등학교의 일상 수업 속에서, 그리고 학생들과의 문답 속에서 탄생했습니다. 감사합니다.

과학서적편집부 이시이 켄이치 씨가 여러모로 조언을 해주시고 읽기 쉬운 구성으로 정성껏 만들어 주셨습니다. 또 디자인을 총괄해 주신 곤도오 히사히로 님과 물리책 같지 않게 부드러운 일러스트를 그려주신 neco 님 덕분에 가벼운 마음으로 볼 수 있는 책이 되었습니다. 마지막 퇴고를 봐 주신 동료 스즈노 카즈타카 선생님께도 감사드립니다.

학생들을 포함해서 여러분 모두가 도와주신 덕분에 이 책을 만들 수 있었습니다. 마음 깊이 감사드립니다. 감사합니다.

숫 자

2π의 식	264
2차원의 간섭	163

ㄱ

가시광선	153
간섭	50, 152
간섭무늬	191
간섭 조건식	214
감소율	156, 290
개관	82
개구단 보정	91
경로차	175, 182
고정단 반사	45, 200
광로차	198, 291
굴절	48
굴절각	49
굴절률	198, 290
근사식	184

ㄴ

기본진동	73
기주	82
뉴턴 링	189, 214
뉴턴 링의 간섭 조건식	219

ㄷ

도플러 효과	58, 104
도플러 효과의 공식	122

ㄹ

라디안	246

ㅁ

매질	24
맥놀이	136, 149
명선	187

ㅂ

박막간섭	189, 194, 205
박막간섭의 조건식	209
박막의 경로차	195
반비례관계	87
반사	44
반사각	47
반사음	133
반사파의 파동 식	272, 296
보강간섭	165
보강간섭의 조건	181
빛의 파동	152

ㅅ

상쇄간섭	165
상쇄간섭의 조건	176, 181
선밀도	78
소밀파	59
쐐기형 간섭	189, 210, 230

ㅇ

암선	188
영의 실험	182, 189
원형파	40
음원	108
입사각	47, 49
입사파	56

ㅈ

자유단 반사	45, 200, 299
전반사	161, 294
전자파	153
절대굴절률	155
정상파	52, 74
종파	30, 36
줄무늬	191
직접음	133
진동수	25

ㅍ

파동	18
파동 식	267
파동의 간섭	51
파동의 공식	27
파동의 굴절	49
파동의 기본공식	258
파동의 성질	152
파동의 수	112
파동의 형태	21, 244
파동의 회절	42
파면	41
파수	249
파원	41
폐관	87
피타고라스의 정리	217

ㅎ

합성파	55
회절격자	189, 191
횡파	34

참고도서

이 책은 고교물리의 파동분야를 설명하고 있습니다.
물리를 더 깊이 공부하고 싶은 사람에게 다음 책을 추천합니다.

**좀 더 문제를
풀고 싶다면…**

『センター試験過去問研究 物理Ⅰ』
［2010年版センター試験赤本シリーズ］
（教学社、2009年）

**레벨 업을
목표로 한다면…**

『물리의 완성 STEP 1·2·3-역학편』

켄 쿠와코 지음 강현정 옮김 김충섭 감수

뉴턴의 운동 3법칙, 에너지보존법칙, 부력, 회전력… 역학의 개념과 원리를 깨우치는 3단계 해법!!

『橋元の物理をはじめからていねいに 大学受験物理（熱·波動·電磁気編）』
橋元淳一郎 著（ナガセ、2004年）

読みやすい文章と絵によって、公式の使い方が身につきます。

『物理のエッセンス［力学·波動］−改訂版−』浜島清利 著（河合出版、2004年）

高校物理の内容が、もれなくていねいにまとめられています。

**물리를 더욱
알고 싶다면…**

『大人のやりなおし中学物理』
左巻健男 著（ソフトバンク クリエイティブ、2008年）

中学の物理分野を、やさしい言葉とかわいい絵によって簡単に総復習できます。

『マンガ 物理に強くなる』関口知彦 著（講談社、2008年）

高校球児の主人公が物理を学びながら成長していきます。
力学のみの内容ですが、マンガの表現によって、私たちの日常の体験と物理学を関連づけることができます。

『新しい高校物理の教科書』山本明利、左巻健男 著（講談社、2006年）

自然現象と物理の関係をわかりやすく説明しています。
数式が示す物理現象に重点を置いているので、計算が苦手な人でも楽しみながら読むことができます。